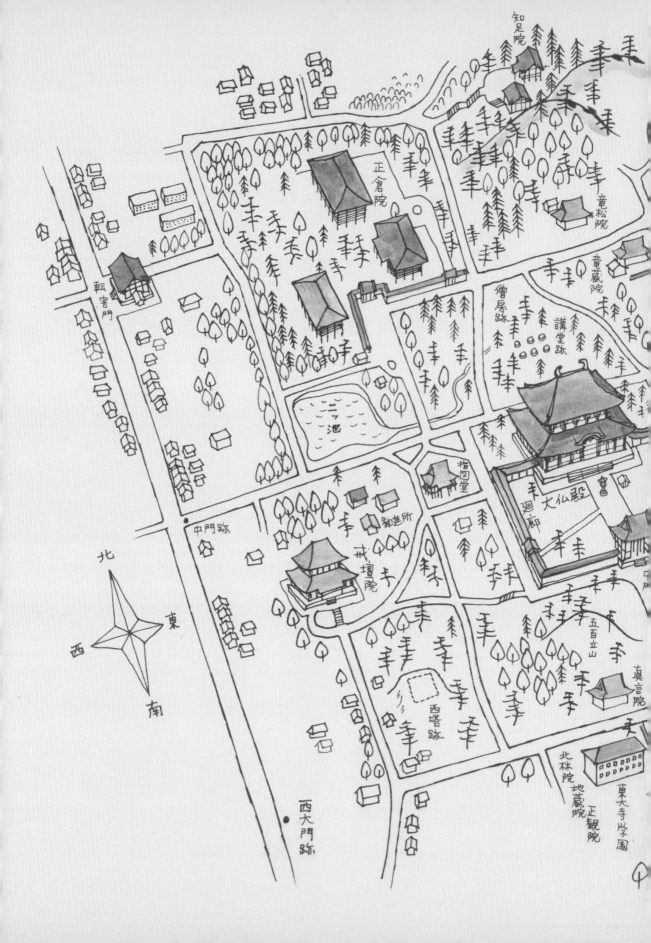

现在的东大寺

文景

Horizon

日本营造之美

奈良大佛

世界最大的
铸造佛

[日] 香取忠彦 著

[日] 穗积和夫 绘

李道道 译

上海人民出版社

目 录

前 言　4

奈良大佛　　8
奈良大佛的历史　　87
奈良大佛尺寸　　89

解 说　90

后记之一　　97
后记之二　　98

前　言

穿越中国西部的塔克拉玛干沙漠，继续往西前行，就能到达昔称"犍陀罗"（Gandhara）的区域，它位于现在巴基斯坦附近。公元1世纪前后，人类在这里制作了有史以来第一尊佛像。那是一尊表现佛教创始人释迦牟尼容姿的佛像，鬈曲的螺发束起，脸庞的轮廓很深，是一尊自然而人性化的佛像。在此之前（公元前326年），犍陀罗曾遭受亚历山大大帝领军攻打，所以佛像的制作也受到当时盛行的希腊罗马艺术风格的影响。这时期的当地雕刻就称为"犍陀罗雕刻"。

大约同一时期，住在恒河流域中游的人们也开始制作佛像。当地佛像继承了纯粹印度艺术的传统，称为"秣菟罗（Mathura）雕刻"。

释迦牟尼原本是公元前5世纪中期出生于喜马拉雅山麓一个小国的王子，他舍弃了王室优渥的生活，历经漫长的苦练修行，终于找到能真正为众生带来幸福的真理，开悟而成为佛陀（佛，觉悟真理者），他教诲的道理日后形成了佛教。释迦牟尼教导众生说，人世间一切苦厄，都来自贪欲爱染之心，若要避苦得乐，必先消除爱欲之心，端正其行，端正其心。

东大寺的释迦诞生佛像

释迦牟尼于八十岁涅槃之后，众弟子将他的教诲和他所定的戒律记录下来，整理成佛教经典。释迦牟尼的遗骨（舍利）被安置在窣堵波（佛塔、舍利塔），受大众顶礼膜拜。

当时的窣堵波是用泥土、砖块、石头等堆成圆形覆碗状，在周围的石墙和门上雕刻释迦牟尼的前世传说（降生到人间之前的传奇，称为"本生故事"）、当世的释迦牟尼行止（佛陀传）等浮雕。当时还没有释迦牟尼的形象，是以法轮（用车轮形状象征佛教的传播）、台座、佛陀足迹（释迦牟尼的脚印）、菩提树等图案来代表佛陀。佛陀涅槃后约五百年，才有佛像出现。可能是信众逐渐形成共识，觉得需要有释迦牟尼的形象来膜拜，佛像就因此诞生了。

此外，公元元年前后，佛教内部也产生了变化，一部分人对佛教有了不同的诠释，这些变化影响了佛像日后的发展。新兴的佛教思想认为除了释迦牟尼之外，过去、现在、未来各世也都有佛和菩萨（为成佛而持续修行者）为了拯救世人而存在，例如药师佛、阿弥陀佛、弥勒菩萨、观音菩萨等，因此，受广大信众膜拜的各种佛像也开始大量出现。

一般认为佛陀形象应该特别尊贵，与凡夫俗子有所不同，因此佛像的外观应具有各种特点（三十二相八十种好）。现在常见的佛像头顶中央部分高高隆起（称为肉髻）、双眉之间有白毫（清净柔软的白色毛发，以圆印表示）等特征就是因此而来的。

佛教在公元 1 世纪前后经过中亚地区传入中国，4 世纪传到朝鲜半岛，6 世纪传至日本。佛像也经由如此遥远的路途，沿丝绸之路一路向东走来。

现在的阿富汗巴米扬峡谷附近，于 4—5 世纪时诞生了一座切削整座石崖雕刻成的高度约 53 米的巨大佛像[1]。此外，另一条佛像传播之路经天山山脉、昆仑山脉各山麓的小城镇，来到中国的敦煌。敦煌在 5—11 世纪之间建造了 2 000 多座木胎泥塑佛像，其中包括一尊高达 35.5 米的大佛（7 世纪）。

大量的佛教经典在中国被翻译成中文，佛学成为一门学问，人们对它的钻研也逐渐深入透彻。到了 5 世纪下半叶，云冈建造了大约 14 米高的大佛石像。7 世纪后半，在距日本更近的龙门（洛阳郊外）出现了大约 13 米高的大佛石像。

6 世纪中叶，百济的圣明王向日本天皇赠送佛像和佛教经典，佛教自此渡海传播到日本。当时日本还是东亚一个名不见经传的岛国。首次接触异国佛像时，日本百姓都非常惊讶而不知所措，然而双手合十膜拜佛像后，自然产生庄严之心，心中也不知不觉温暖平和了起来。这种体验一点一滴地吸引着日本人，佛教逐渐在日本落地生根。

到了 8 世纪日本天平时代，奈良建造了与龙门奉先寺同样的卢舍那大佛像。这是一尊高约 16 米的铜铸大佛像，后来受战火牵连而受损，曾经被数度修复。现在的奈良大佛是江户时代重铸的，只有台座的莲花瓣等还留存着天平时代的样貌。

一千二百年前天平时代的人们究竟如何制作大佛，是我们很关心而好奇的问题。本书将以图文的呈现方式来回溯、推敲这尊现在已几乎成为幻影的天平大佛，重现大佛铸造时的模样。

1　巴米扬大佛已于 2001 年 9 月被阿富汗塔利班政权摧毁。——译注（下文若无标注，则均为译注）

◎云冈
大佛坐像　高约 14 米
大佛立像　高约 16 米
石造　5 世纪

◎巴米扬
东侧大佛　高约 38 米
西侧大佛　高约 53 米
石造　4—5 世纪

◎敦煌
佛塑像　2 000 多尊
5—11 世纪
北侧大佛　高约 33 米
南侧大佛　高约 26 米
7—8 世纪

（天山北麓）

天山山脉

（天山南麓）

塔克拉玛干沙漠

喀什噶尔

喀布尔

巴米扬

哈达

和阗

（西域

昆仑山

喜马拉雅

犍陀罗

德里

秣菟罗

鹿野苑

桑奇

孟买

◎犍陀罗
佛像　高约 78 厘米
石造　2—3 世纪

◎秣菟罗
佛像　高约 70 厘米
砂岩　2 世纪

◎鹿野苑
佛像　高约 1.5 米
砂岩　5 世纪

6

◎龙门
奉光寺大佛　高约 13 米
石造　7 世纪

◎庆州
石窟庵大佛　高约 3.4 米
石造　8 世纪

戈壁沙漠

乐浪

北京

奈良

云冈

庆州

敦煌　河西走廊

洛阳

兰州

西安
（长安）

龙门

扬州

高原

◎奈良
东大寺大佛　高约 16 米
铜铸　8 世纪

公元 1 世纪前后，诞生了犍陀罗
和印度中部秣菟罗的佛像，经由
丝绸之路向东传至中国，再通过
朝鲜半岛，最后于 6 世纪中叶传
至日本。

7

奈良大佛

千二百年前的平城京奈良是一座宏伟繁华的都城，东西宽5.9公里，南北长4.8公里，人口估计有20万，街道上不分昼夜都有熙熙攘攘的人群，市场里更是终日热闹非常。

当时日本朝廷派遣留学生和僧侣到中国学习新知识和新技术，全国处在燃烧着旺盛热情的时代。729年，日本年号改为天平，圣武天皇的妃子安宿媛（藤原不比等的女儿）即位成为皇后（光明皇后）。在《万叶集》中有"丹青色的京城奈良，如繁花盛开般香气袭人"的和歌，吟咏平城京的繁盛。

即使如此繁华的天平时代也不是完全平稳无事的，当时接二连三发生了许多天灾地变，其后引发的饥馑加上流行于九州岛的天花蔓延到京城，死者不计其数，连光明皇后的长兄左大臣藤原武智麻吕，以及藤原房前、藤原宇合、藤原麻吕等藤原氏的重要人物，都不幸被病魔击倒（天平九年，737），不得不改由橘诸兄掌理政权。

不论京城还是地方，政权更迭后各地仍然盗贼充斥，妖言惑众者层出不穷。740年（天平十二年），九州岛大宰府发生了藤原广嗣（宇合的长子）叛乱事件，政局震荡不安，陷入前所未有的紧急状况。就在此时，圣武天皇离开平城京前往东国，混乱平定之后也不肯回来，就地在一山之隔的木津川附近另行建造恭仁京作为都城（天平十三年，741）。

当时人们惶惑不安，想要寻求心灵的寄托，圣武天皇决定依靠佛教来平定天下的混乱，将民心导向正途。他下令："全国人民皆应拜佛。如此，日本不但国家能够繁荣，民众的心灵也能平静安稳。"他向诸小国（当时日本国内分成62个小国）发出了推广佛教的诏书，规定每个国家都要建造佛像和七重宝塔，抄写《法华经》等佛教经典（俗称"写经"）。随后多年来的天灾地变竟转而变得风调雨顺，农作物也终于有了难得的丰收。

741年（天平十三年），圣武天皇又下令建造国分寺。国分寺是依据《金光明最胜王经》建造的，修建该寺除了祈愿国泰民安之外，也包含了在政治上运用宗教力量治国的想法，这样的例子在中国隋唐时代很常见。这部经典所说的法，主要就是

镇乱息灾，保护国家不受外敌和灾难的侵害。

不仅如此，圣武天皇还决心兴建大佛像。

740年（天平十二年）二月，圣武天皇行经河内国（大阪）的知识寺时，见到了一尊卢舍那佛像。卢舍那佛原名是"毗卢遮那佛"，具有光明遍照的意义。《华严经》中详解，卢舍那是将释迦牟尼比喻为太阳，即便肉身不在，佛法也不会湮灭，永久都能照耀世间，照耀整个宇宙。

圣武天皇被知识寺的卢舍那佛庄严尊贵的形象深深打动，他下定决心："既然是能够将宇宙所有角落遍照无遗的佛，他的佛像当然是越大越好。我们要用铜来铸造气势雄伟不下于唐国的大佛像，一尊能留给日本后世的镇国佛像！"

当时已经预料到修建这座巨大佛像将会是日本开国以来最浩大的一项工程，于是，圣武天皇极力呼吁全国人民参加建造大佛的工程。

在佛教中，建造寺庙佛像时贡献金钱、物品、提供劳动服务等，有志一同为发扬佛教而不遗余力的人称为"善知识"，建造大佛时，善知识的力量是不可或缺的。河内国的知识寺是从朝鲜半岛渡海而来者和其子孙等善知识建成的寺庙，天皇对他们宣扬佛教的热诚表示感动。

天皇曾说："动用国家的预算来建造大佛，可能不会太困难，但是如此一来就失去了敬佛的意义。只有全民贡献心力共同建造，才能获得佛陀的加持而使国泰民安。请大家认真考虑，如有每天礼拜卢舍那佛三次、自主自愿参与建造大佛的人，即使只是提供一根草、搬运一抔土，都要让他们能够有机会加入。但国司和郡司等官吏，决不可为营造工程压迫百姓。"

天皇相信人民虔诚的信仰可为国家带来繁

荣，因此他说："应尽量搜集全国的铜，全部用来铸造卢舍那大佛像，还要铲平大山来营建佛殿。"表明他意图将现世的社会提高到宗教层面的崇高心愿。

这纸《建立大佛之诏书》是天皇在743年（天平十五年）十月十五日，于恭仁京东北方的紫香乐宫颁布的。

建造大佛像的工作马上在紫香乐（信乐）的甲贺寺急速展开，翌年就进展到竖立大佛骨柱（作为骨架的柱子）的程度。但是，由于附近山林时常发生火灾、盗贼频繁出没，人心无法安定，最后天皇只好放弃该地，将首都重新迁回奈良（天平十七年八月，745）。大佛的建设工程也移到奈良的山金里（现在的东大寺）重新展开。

在那个时候，人们必须以粮食、物产（丝绸、盐、鱼等）作为税金，缴纳给国家。此外，男性在规定时期有服劳役的义务，人们必须提供劳力参与政府的建设工程。这些虽然是国家的经济等事务不可或缺的支柱，但对百姓而言实在是很沉重的负担，一旦发生灾害，会让许多人缺少粮食，更谈不上缴纳税金，因此很多失去希望的人宁可离家去流浪。

当时一位叫行基的有名高僧，对这些失去希望的民众伸出援手，不但传布佛法教化百姓，还造桥铺路、挖掘水池或水沟，因此很受百姓爱戴。

当时佛教完全处在政府的严格管制之下，不但出家当和尚、尼姑需要政府的许可，僧尼也被禁止随便在寺院外活动。因此，聚集民众广说佛法的行基被视为行为不端之人，被国家辱骂为"小僧行基"（养老元年，717）。因为当时佛教是用来守护国家的，尚未成为平民百姓的宗教。

然而，行基拥有优秀的土木技术以及号召群众的魅力，这些不是朝廷能够长期忽视的，因此731年（天平三年）政府还是正式承认了行基的法师地位。天皇建立大佛的诏书一下达，行基法师立即率领弟子站出来，呼吁大家捐献金钱物品，加入建设大佛的行列。745年（天平十七年），建造大佛的工程移到奈良时，行基法师受命为大僧正。

行基的师父道昭和尚曾被选为遣唐使，于653年（白雉四年）渡海去大唐留学，在玄奘法师门下接受法师的亲自教诲。想必玄奘法师曾经对道昭述说他前往印度途中拜见的大佛，道昭归国之后，可能又将这些话转述给行基等弟子。行基非常积极地协助建造大佛，或许有部分原因是玄奘法师拜见大佛的故事深印在他的心底。

另一方面，东大寺前身金钟寺的肇建者僧人良弁也为建造大佛尽了许多心力，据说他是当时非常受圣武天皇信赖的一位高僧。

◎法隆寺金堂释迦三尊像
飞鸟时代　金铜
像高约 81 厘米

◎法隆寺百济观音像
飞鸟时代　木雕
像高约 210 厘米

◎中宫寺弥勒菩萨像
飞鸟时代　木雕
像高约 88 厘米

◎深大寺释迦如来像
白凤时代　金铜
像高约 60 厘米

与此同时，确定大佛容貌、形态、大小等整体形象的具体准备工作，在加紧进行中。

日本从开始制作佛像到当时已有将近 200 年的历史，其间佛像的表现手法都是在中国和朝鲜半岛的影响下发展出来的。这与同一时代日本的政治文化一样以亚洲大陆为范本，所以实际制作佛像的工匠大概多半是从大陆移民至日本居住的佛师（制作佛像的师傅），或者是这些佛师的弟子。他们很早就能制作具有高超艺术表现力的佛像。

飞鸟时代初期（552—645）的作品中，最有名的代表作是法隆寺金堂的释迦三尊像（推古天皇三十一年，623），这是止利佛师以及同门派的人模仿中国北魏样式的作品，佛像面部神情刚正严肃。而同一时期的法隆寺百济观音，仿效的却是中国江南的风格，佛像面部表情慈祥柔和。

到了 7 世纪后半叶（奈良前期，又称白凤时代，646—709），日本的佛像受到中国北朝的齐、周以及隋朝的佛像式样影响，严肃的表情逐渐消失，菩萨像的衣饰也变得繁复（不同于身上只披挂素布的如来像，菩萨像表现的是释迦牟尼王子修行中的形象，故常有珠宝头冠等饰品）。

其后的天武、持统朝（672—697），佛像的肉身表现更加写实，身体较为浑圆，衣服也变得轻薄，佛身具有自由的流动感，线条也柔和了起来。这是因为中国初唐受印度笈多王朝（6 世纪）影响的雕刻式样传入了日本，药师寺的药师三尊像是该特色最佳代表。

这种写实的倾向持续发展到制作奈良大佛的天平时代（奈良盛期，710—793）。以中国唐朝为范本的文化在日本奈良当地开花结果，终于攀登到艺术表现的顶点。飞鸟时代以来一点一滴形

◎法隆寺梦违观音像
白凤时代　金铜
像高约 87 厘米

◎药师寺金堂药师三尊像
白凤时代　金铜
像高约 255 厘米

◎东大寺不空羂索观音像
天平时代　干漆
像高约 362 厘米

成的日本文化传统，和来自中国的影响相融合，使得日本佛像的容颜和身体表现更加丰富而人性化。

　　另一方面，从材料的角度来看佛像，飞鸟时代到奈良时代的主流是金铜佛像（青铜铸造，大多以镀金加工）。虽然也有木雕佛像，但主要是平安时代以后才开始兴起的。奈良时代最多的还是泥塑像和干漆（以木为心、麻布为体，最后以木屑粉末混入麦漆做成表面的皮肉）的佛像。

　　人们期望奈良大佛能长久保存，所以最后选用金铜制作。没选择和中国一样制作石造佛像，主要是因为日本奈良附近找不到够大的石窟。

　　此外，人们还确定要制作高度为"丈六佛"十倍的大佛像。丈六的尺寸源自传说中释迦牟尼的身高为一丈六尺（大约等于 4.8 米）的说法。较具规模的大寺庙供奉的本尊（最中心的佛像）

尺寸，大致上都是一丈六尺（事实上大部分是高度大约只有一半的坐像，也就是八尺，约 2.4 米高）。这种尺寸的佛像称为丈六佛，比丈六佛更大的佛像就称为大佛。

　　在《华严经》中，"十"这个数字表示无限大，因此人们将奈良大佛的高度定为丈六佛的十倍。天平时代一般使用唐尺（一尺约等于现在的九寸七分，等于 29.6 厘米），但是在制作大型佛像的时代，民间也常使用古代的周尺（一尺约等于现在的六寸四分，等于 19.9 厘米）。奈良大佛用的应该也是这种周尺，故一丈六尺乘以十倍的十六丈佛像全身高度约 32 米，因为是制作高度只有一半的坐像，所以奈良大佛的高度为八丈，大约 16 米。

平时代各地不断兴建寺庙，制作佛像盛行，当然也就培养出许多优秀的佛师。但这次要制作的是 16 米高的金铜佛像，工匠面对的问题与制作一般的佛像完全不同，即使是经验丰富的佛师也觉得非常棘手。

根据中国史书的记载，北魏献文帝天安元年（466）曾铸造高达四丈三尺（约 13 米）的大佛铜像。另外，虽然记载并不十分完整，但传说武则天曾在 683 年制作过巨大的金铜佛像，可见当时中国制作大型金铜佛像的技术应该已经成熟了。不过在日本这还是头一次尝试制造大佛，佛师感到困惑也是理所当然的。

就在多位佛师不知所措的时候，国君麻吕（即后来的国中连公麻吕）挺身而出，说："我知道一个好办法。"国君麻吕的祖父那一代为避战祸从百济渡海来到日本，他从祖父和父亲口中得知建造大型佛像的方法。除他之外，那个时代还有许多拥有优秀技术能力的人渡海而来，在日本社会中非常活跃。

于是，国君麻吕立即着手用全副心力描绘大佛的画像。他画的想必也是圣武天皇心目中的大佛形象：圆润丰满的脸颊、飒爽分明的眼鼻，身体也相当圆润，除了具有写实性和坚毅的风范之外，也呈现出天平时代佛像特有的明朗风格。

国君麻吕依照心目中的形象画了许多设计图，接着又制作了大小不等的模型（称为"雏型"）。之后他担任雕刻的总监督，成为制作大佛工程的灵魂人物，肩负整个工程技术指导的重任。

画工

写经生

僧侣

金工·铸工·铜工
（与铸造相关的工人）

佛工

官员

从前，朝廷要建造寺庙的时候，每次都要设立称为"造寺司"的临时机构。要正确无误地管理佛像和寺院的建设经费，适当地分配工作人员和物资，提高作业效率等，的确是需要一个良好的组织。到了天平时代，朝廷的力量逐渐强大，策划大型事业、为实践具体目标而筹建组织等工作也能够比较顺利地进行。

不过，制作大佛这样的工程，基本上是民间善知识主导的营造工程，所以一开始就没有特意设置造寺司这样大型的机构。建造大佛的地点从紫香乐移到奈良之后，初期是由东大寺前身的金光明寺（金钟寺）附属的造物所（造佛所）负责造寺司的工作，由皇后宫职（管理皇后宫事务的机关）所管辖。

748年（天平二十年）造物所改组为"造东大寺司"，此时其官方寺院的色彩逐渐浓厚，已不再由善知识主导。造东大寺司此后于天平胜宝年间（749—757）更加扩大充实，并持续到789年（延历八年）才撤废。

造东大寺司的最高负责人为长官，其下设有次官、判官、主典，任职的都是有才干的官员，尤其是一位名为佐伯宿祢今毛人的官员，更因充分发挥了聪明才智和灵活手腕而闻名。

技术工人和作业员由造东大寺司的所（支

瓦工

搬土工

木工

其他工人

石工

伐木工

所）管辖。"所"又分为造佛所、铸造所、木工所、造瓦所、写经所、山作所（在山上处理木材的作业所）等不同组织，分别设有事务官来监督管理工人和作业员。还有熟练的工人为现场负责人，监管一些生手属下，与现代化的公司、工厂同样具有进步、成熟的组织。工人也细分为佛工、画工、金工、铸工、铜工、木工、砖瓦工、刻石工、搬土工等工种，整体的分工合作制度也相当完备。

此外，工人又分成司工和雇工两类，司工隶属于造东大寺司，就是所谓的公务员，而雇工则是从民间招集来的临时工。工人带着自己惯用的

工具来工作。如此庞大的国家工程一定聚集了许多技术一流的工匠，但更多的是没有特殊技能的一般劳工。服劳役代替缴税的壮丁、被雇用的男女佣工、志愿付出劳力的善知识，做的都是比较单纯的工作。

技术工当中，立下特殊功绩和国君麻吕一起留名青史，姓名有幸记载于古文书《大佛殿碑文》的有：大铸师高市真国、高市真麿，铸师柿本男玉，大木工猪名部百世，小木工益田绳手。高市真国等铸造师傅，大概是负责指导工人将铜液倒入模型铸造大佛的核心工程，而猪名部百世和益田绳手则负责建造安置大佛的大佛殿。

制作重达 380 吨的大佛，所需物资材料的数量相当惊人，包括矿石和用来熔炼金属的炭、建造大佛殿以及佛塔的木材等。奈良盆地四周山地围绕，将材料搬到工地并非易事。虽然当时已有道路通到诸国境内，但是经由陆路一次所能搬运的量极为有限，大宗物资还是需要依赖水路运输。

幸而有一条木津川流经奈良北侧比较低矮的山间。木津川的源头在伊贺山脉，又与淀川、宇治川汇流，构成四通八达的水路。来自北陆的材料先送到琵琶湖，再用船运进入濑田川，顺宇治川而下，然后进入木津川溯流而上。而从田上山、甲贺等山区砍伐的木材，也经同样的途径运抵。位于濑田川入口的石山寺，成为这些物资的集散中心。

一部分的木材在伊贺山上的山作所被砍伐下来捆成木筏，由工人搬到河岸，从木津川顺流而下，集聚于木津。另外来自东国、西国[1]的木材经由海运进入大阪湾，再溯淀川、木津川送抵。

木津川的岸边建造了停泊船只的埠头，沿岸建有一栋栋仓库，搬运货物的工人吆喝的声音一定让这附近从早到晚充满活力。"津"这个字原本是港口的意思，"木津"的地名表示这里是木材上岸的港口。

货物从木津上岸之后，必须经由陆路搬运，有的用马驮载，或用牛拉车、人力车等方法搬运，越过称为"奈良坂"的山坡，才能到奈良。而更大、更重的货物，大概要使用称为"修罗"的木橇才搬得动。在奈良坂附近也建有许多暂时保管物资的小屋。

搬运的工作主要由排筏工以及专门的工人承包，要是货物受损，他们得负责赔偿，所以每个人都很精通搬运的各种诀窍。

1 东国、西国：古代日本将铃鹿关和不破关以东的地区统称为东国，与之相对的西部地区则称为西国。——编者注

建造东大寺和大佛的新地点，选在平城京东北角外侧，三笠山的山麓。从木津越过奈良坂的道路正通过这附近，搬运资材更加便利。新地点也位于圣武天皇居住的平城宫东边不远处，占尽地利之便。

制作大佛需要非常宽广的用地，还需要大量泥土作为铸佛时支撑鹰架的基础（这部分稍后会详加叙述），因此选择了这片有斜坡的土地。人们可以将山丘的斜坡部分削平，用削下的土填平山谷之间的凹地，如此不但能拥有平坦的用地，也能有充足的土作为支撑鹰架的基础土方。

在此削山丘、填谷地的地面上建造大佛，也正符合圣武天皇诏书中"削平山丘、建构佛殿"的指示。

接下来，马上展开整地的土木工程。人们从山丘斜坡上削下大量的泥土，工地现场到处都是搬运土石的工人，木工则忙于建造作业所、资材库房、宿舍等设施。此外，事务官也为了清点不断搬运进来的物资，指挥来自全国各地的工人作业，每天都忙得不可开交。

大刀

宝珠　　　　　蝉形花纹的锁　　　　　铜镜　　　　　小罐

明治时代挖掘出土的一部分镇坛具

安置奈良大佛这样重量可观的金铜佛像，基础工程绝对不能疏忽。地基一定要十分稳固，才能支撑得住大佛的重量而不至于倾斜下陷。

在稍晚的北宋开宝四年（971）左右，中国河北的龙兴寺（现名隆兴寺）建造了高七丈三尺（约22米）、四十二只手臂的铜铸佛像，根据当时的记载，底座基础进行了如下的工程：首先在地面挖掘深洞，洞底最下层铺小砾石，小砾石上覆盖土石，上面再层层压实石灰和泥土，直到距离地表六尺（约1.8米）处，留下边长四丈（约12米）的方坑，在坑内先用铁条铁管组成如建筑物钢筋般的骨架，再倒入炼熔的铁浆，安置佛像的地基才算完成。

关于758年（天平宝字二年）建造的东大寺大佛殿四大天王像之一的多闻天王（高四丈的立姿塑像），根据838年（承和五年）整修的记录（《东南院文书》），可知当时曾在佛像底部加装铜管，使其延伸至地下一丈二尺（约3.6米），与基础的井字交叉支架组合在一起，用来支撑佛像。

从这些例子可以看出，要支撑巨大的佛像，底座下的地基必须十分稳固，工程相当浩大。

首先，预定安置大佛的地点周边，整个地面都要向下挖掘很宽阔的大坑，在底部铺垫小圆石后，用力夯实使圆石层紧固，再在其上重复铺设黏土层和沙石层并捣实，如此层层夯实使之成为坚固的地基。这种"版筑法"是由中国传来的，常用于寺院建筑的地基工程。

基础工程完成后，745年（天平十七年）八月二十三日举行了"镇地祭"。镇地祭是祭祀土地神，祈求大佛和东大寺能永久香火鼎盛的祭典。圣武天皇先将土放入衣袖中带进工地，接着光明皇后以及文武百官、女官等人也都陆续带入土石，夯实大佛底座下的土地（座），祈祷工程能顺利完成。

此时人们将金银、七宝、水晶、玻璃、大刀、镜子、宝珠等宝物埋入大佛座下，祈祝大佛和寺院的安泰，这些宝物称为"镇坛具"。1907年（明治四十年），大佛座下出土了一部分镇坛具。值得注意的是，出土文物中竟然还包含一些古坟时代埋葬于古坟中的镜子、大刀、宝珠等珍宝。

制作金铜佛像的方法大致是先做出模具（称为"铸型"），然后将铜熔化成铜液，浇灌入铸型内等待冷却凝固。从古至今，这样的制作方法基本上是大同小异的。

日本人直到弥生时代（公元前3世纪—公元2世纪）才学会这种铸造器物的技术，之前受中国的金属文化影响，能够制造简单的铜剑、铜矛、铜铎，当时所用的铸型称为"惣型"。其制作方法若以拳状物为例，就是握拳在沙土上压出拳状凹痕，等凹下部分干燥后浇进熔化的铜液，就能做铜的拳头。这是非常原始的方法，不过能充分显现铸造技术的本质。铜矛也同样可利用上述原理，使用石制的铸型来铸造（图A）。

以惣型制作中空铜器时，用的是下述的方法：分别制作"外铸型"（也称为"雌型"）以及比外铸型小一圈的"中型"（也称为"雄型"），两者之间的差就是铜器的厚度。然后让铸型会接触到铜液的表面部分干燥，雌型和雄型结合后，将熔化的铜液浇入其间的空隙，当时的铜铎就是以这样的方法制作的。较早时代的铜铎使用的是石制铸型，后期的铜铎用的是泥土铸型（图B）。

由A、B两图可见，用惣型铸造铜矛、铜铎等铜器，其特点为：不需要欲铸物品的模型（称为"原型"）而直接用铸型来制作；以火加热将会接触铜液的表面，使之干燥。这和现代所用的"込型"（也称"割込型"）铸造法完全不同。

"込型"铸造法是近代才发展出来的方法，特征是将原型印在外铸型上制作铸型，铸型整体以火完全烤干以去除湿气（图C）。这样能将原型完整地保留下来，还能再度利用它铸造出跟原型相同形状的作品。

铸模大致区分为惣型和込型两种。实际制作的时候，人们依照铸造物形状和材质的不同，持续尝试不同的铸型技术，也推动了铸造技术的进步。

古代日本虽然主要是用惣型来铸造，但金铜佛像大多以失蜡法制造。所谓失蜡法是以蜜蜡（从蜂窝取出的蜡掺入松脂或油脂以增加黏性）制作蜡模原型的方法。也有一些是使用图D的中型来制作。人们在原型表面插入"型持"（支钉）固定住中型，铸造完成后拔掉，再用同样的金属填满型持留下的孔洞。蜡模原型虽能将花纹纤细的部位表现得更完美细致，但一次只能铸出一个独一无二的作品，这是这种铸造方法的特征。

像奈良大佛这么大的铜佛，要用失蜡法不分段地制作，几乎是不可能的任务，而且蜜蜡是非常昂贵的材料，要搜集足以制作大佛的大量蜜蜡更是不容易。那么，国君麻吕到底是用什么方法来铸造奈良大佛的呢？

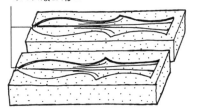

A 铸铜矛的石制铸型

倒入铜液的浇口

在石材上雕刻内凹铜矛的半边，将两块半边的石模合起，由浇口倒入铜液

B 以惣型制作铜铎的方法

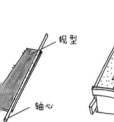

用木片做成铜
铎半个纵切页的
型

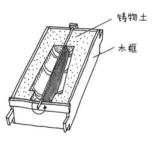

2. 在木箱里填满压实的铸物
土，用规型绕轴旋转刮下半
边的铜铎外形，做成外铸型
（雌型）

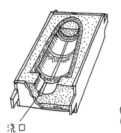

3. 用木片在雌型上雕
刻花纹。制作左右两
个这样的雌型，烧烤
内侧表面

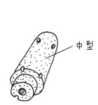

4. 将中型土填入左右两
个外铸型里面，结合后
压景，制成中型，脱模
后依照想铸造的厚度将
中型表面削去一层，再
进行干燥

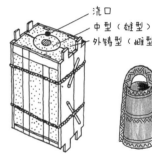

5. 将中型放入外
铸型中，用型持
固定后，捆紧左
右两半，倒入熔
化的铜液

6. 铸成的铜铎

込型制壶法

制作原型（欲铸物
的模型）

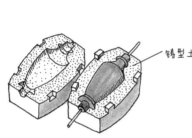

2. 将原型按压在分成两半的铸型土
上，分别印下外形做出外铸型（雌型）

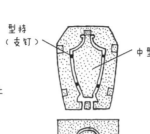

3. 将两个外铸型合一，以与惣
型相同的方法制作中型（雄
型），也同样以支钉固定

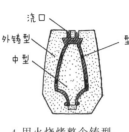

4. 用火烧烤整个铸型，
除去湿气，再浇入金属
液

5. 铸成的壶

以失蜡法制作金铜佛像

将麻绳缠绕在铁
芯

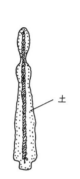

2. 涂上塑土制
作中型（雄型）

3. 中型表面覆盖
一层厚蜡，雕刻
成原型

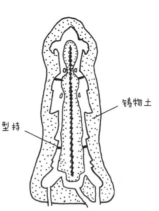

4. 将用作外铸型（雌型）
的泥土涂在蜡表外层，以
型持等固定后，烧烤整个
铸型让蜡熔化流出

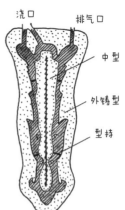

5. 灌入铜液填补蜡
熔化后留下的空隙

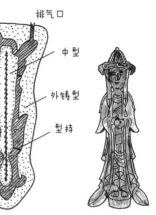

6. 将表面打磨
抛光、镀金后，
佛像就完成了

国 君麻吕等人想出来的办法，大致是这样的：
在事先已打好坚固基础的底座上直接塑造大佛的原型，然后把大佛原型分成八段，由下而上一段一段分段铸造。首先将最下面一段纵向切割细分成若干大块，从原型的外表取得外铸型（雌型），然后把原型视为中型（雄型），将原型表面刮去一层，这层就是铜像的预定厚度。接着用火烧烤外铸型的内面和中型的表面，使之干燥，将型持固定在外铸型和中型之间，即可将熔化的铜液浇入两者之间的空间。等第一段凝固之后，继续用同样的方法制作第二段原型的外铸型与中型，如此一段一段地依序铸造。这样的方法可以说是将原型当作中型来铸造。

这种以削刮法制作中型的技术，因为是将原型的外表转印在外铸型上，所以可算是达型铸造法，但是原理与惣型铸造法相同，可以称为"嵌入式的惣型铸造法"。用这个方法就不需要使用蜜蜡来铸造大佛了。

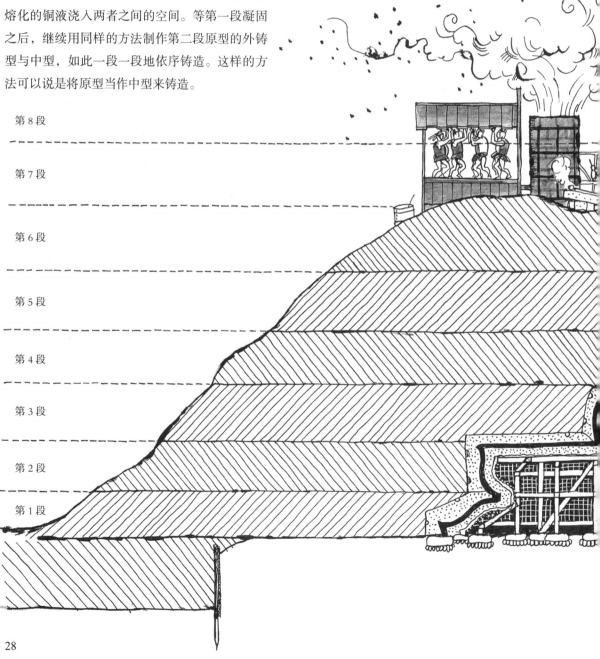

第 8 段

第 7 段

第 6 段

第 5 段

第 4 段

第 3 段

第 2 段

第 1 段

削刮原型制作中型的技术，是 588 年（崇峻天皇元年）建造法兴寺（飞鸟寺）时，百济来的露盘博士（铸造技师）将德白眜淳带来的。公元 6 世纪中期，随着佛教东传，由大陆渡海而来的佛像制造师和露盘博士带来了崭新的技术，日本人逐渐学会了铸造佛像、宝塔、相轮等，由此，日本的铸造技术有了长足的进步。

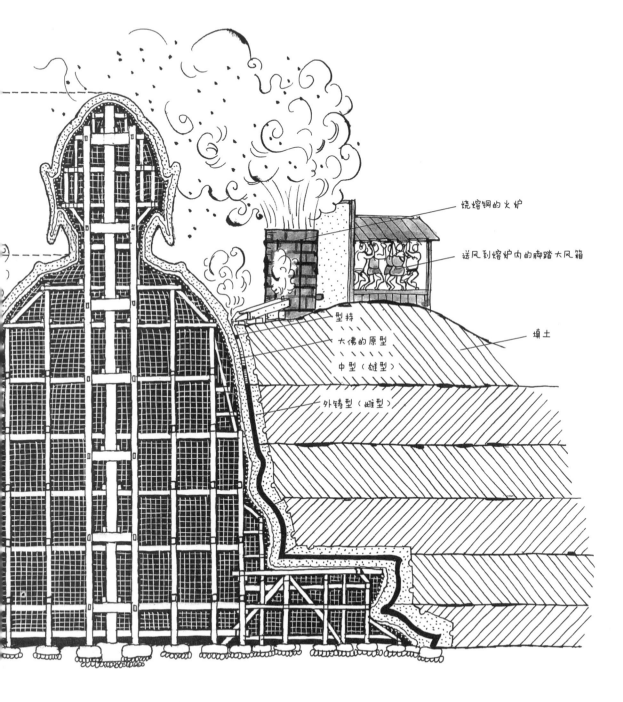

烧熔铜的火炉

送风到熔炉内的脚踏大风箱

型持

大佛的原型

中型（雄型）

外铸型（雌型）

填土

接着，就要着手在底座上制作大佛原型的工程了。

人们首先在骨架正中间竖立一根直接贯通到大佛头部预定位置
的大圆柱。以此圆柱为中心画定四方形，分别在四个角竖立稍细的
圆柱（称为"四天柱"），再竖立直达大佛肩膀和前胸部位的若干根
支柱。另一方面，也在这些支柱的前后左右捆绑横向支架，组成大

佛塑像内的骨架。

　　之后骨架上用木条、竹条、细竹片等材料编组如竹笼的像身。在涂上泥土制作大佛模型时，竹笼刚好能作为支撑泥模的筋骨，所以在编制之前，会事先在这些木条、竹片上绕上麻绳，让涂上的泥土附着而不脱落。这就像制作建筑墙壁时，在骨架之间用木条、麻绳编成底层框架（木舞）一样。这也是造佛所在制作了许多塑像、干漆像的佛像之后，长期累积经验发展出来的技术。

　　下一个步骤是在编成竹笼状的大佛身体上涂抹泥土，最里层先贴一些植物纤维，再涂上质地比较粗的土。越接近表层使用的土就越讲究，最外侧用的是土质最细的细泥浆。整个泥土层厚度达 20—30 厘米。泥塑像基本上按照设计图制作，比较精细的部分要在现场依实际情形随时修正。国君麻吕会站在视野良好、能看清大佛整体状况的地方，在施工过程中不断地向工人们下达各种指示。

　　泥塑的佛像最后还要做细部整修，才算大功告成。这时大佛塑像用的是铸型专用的黏土，比较能抗阻水分侵入，而且表面还撒上了云母石粉、滑石粉，涂上了适当的石灰、三合土等，不怕雨水淋湿。有时候为了防止表面产生裂痕，人们还用浸湿的草席覆盖大佛塑像。也用油纸和草席甚至架设简单的草棚，来为大佛遮日挡雨。最终塑成的大佛原型，是很接近白色的浅色塑像。

地镇祭结束之
后过了 426 日，人
们在大佛塑像周围点燃了 15 700
多盏灯火。点燃灯火是为了诏告天下，
大佛塑像模型的供养仪式即将开始。

夜晚八点左右，上千名僧侣手持油烛出现，
塑像在昏暗的夜色中闪烁着微白的柔和光芒。僧
侣们齐声吟诵佛经供养，绕佛像三匝赞颂卢舍那
佛的功德。

这时圣武天皇、元正太上天皇和光明皇后也
都在场，直到午夜十二点过后，他们才回到平城
宫。此日是 746 年（天平十八年）十月六日。

随后工人以这尊塑像为原型，展开制作铸型的工作。塑像原型自然干燥后，有如土石岩壁般坚硬。于是工匠由最下面一段的莲花座（装饰底座的莲花瓣）开始，先做准备工作，在塑像原型表面敷一层薄纸，以防制作外铸型的泥土粘在塑像上造成脱模困难。接下来再把制作外铸型的泥土一层一层覆盖上去。

第一层涂抹的是极精细的特制细土粉（将细沙和黏土混合，用火烧烤后磨成粉末）和黏土，覆在大佛原型的表面；接着涂的是逐渐减少特制细泥而增加沙土并混入稻秆和稻壳的泥土层。然后再涂敷的是在同样的泥土中加入铁丝和蔓生植物软藤的混合土，在混合土的上面再覆盖加入粗沙、黏土、稻秆和稻壳的泥土层。总之就是越内侧的土越细，而越往外侧用的土越粗。

为便于处理，外铸型被切割成许多块，每块大致长宽都在 2 米左右，厚度也都有 30 厘米以上。如此做成许多块外铸型，相互衔接围绕莲花座一周。为在脱模的时候便于分离，相邻的外铸型之间贴上薄纸或者撒上灰粉以分隔。

外铸型就放在原型上，自然干燥之后才一块一块分别取下，为防止取模过程中铸型龟裂与破坏，铸型土里会加入一些铁丝和藤蔓来增补强度。每块外铸型取下后还会做上记号，标示其原来的位置。

原型用的泥土和外铸型使用的铸型土量非常庞大。这些土是从哪里搬运来的呢？虽然并无详细记载，但推测地点不会相距太远，因为 762 年（天平宝字六年）的文书中提到，为了铸造佛塔露盘所需的铸型土是从大佛殿的东丘以及西堀川取来的。

外铸型从大佛原型上剥下后，用木材或炭烘烤其内侧（接触原型的部分），以除去水分。这道工序可以使外铸型更坚固，在灌铸铜液时排气也会更加顺利。

接着就要削刮大佛原型表面，大概要削掉3—5厘米。削刮时要特别小心，让厚度尽量平均。削掉的部分就是日后灌入铜液的空间。换句话说，削掉表面层之后的原型，就成了铸造时所用的中型。

削刮好的大佛中型跟外铸型一样用火烘烤表面。也就是说外铸型和中型两者，凡会接触到铜液的表面，都要彻底烘烤干燥。要是不慎留下了水分，熔化后滚烫的铜液浇入铸模时，水遇高温可能在瞬间汽化膨胀引起铸型爆裂，非常危险。所以中型背后开了较大的通气口，以便湿气尽快排出。

一旦中型的水分散尽，就将外铸型一块块放回原来（做过记号）的位置。为了让两者之间的空间固定不位移，须在外铸型和中型之间放置型持。所谓型持，是用来固定外铸型和中型位置的工具。

在《正仓院文书》中，留下了"铸造三千三百九十枚方形的型持，长宽各四寸（约12厘米），厚一寸（约3厘米）"的记录。现代日本的铸造方法，用的是如右图的工字形型持，但当年铸造大佛用的应该是如记录上的方形型持。有时依部位的不同，也会把铜片分成小块当作型持，或者另外铸造尺寸更大的型持，不同状况所用型持的种类不尽相同。

将型持固定之后，人们用绳索、草绳等将外

模捆绑牢固，并用棍棒、木板压住，尽量维持外铸型固定，然后在上面堆填泥土，直到外铸型整个被盖住为止。因为铜液浇入铸型的瞬间，内部加诸铸型的压力大约是铜液重量的13倍，所以铸型一定要够稳固且能承受相当的压力。要是浇模之前没有将湿气全部排除，或者铸型未完全固定，铸造的时候很可能会发生可怕的意外。

覆盖在铸型周围用来掩盖外铸型的泥土，刚好作为日后作业的立足点，这些泥土应该是当初建设大佛地基时，铲平山丘挖掘下来的。

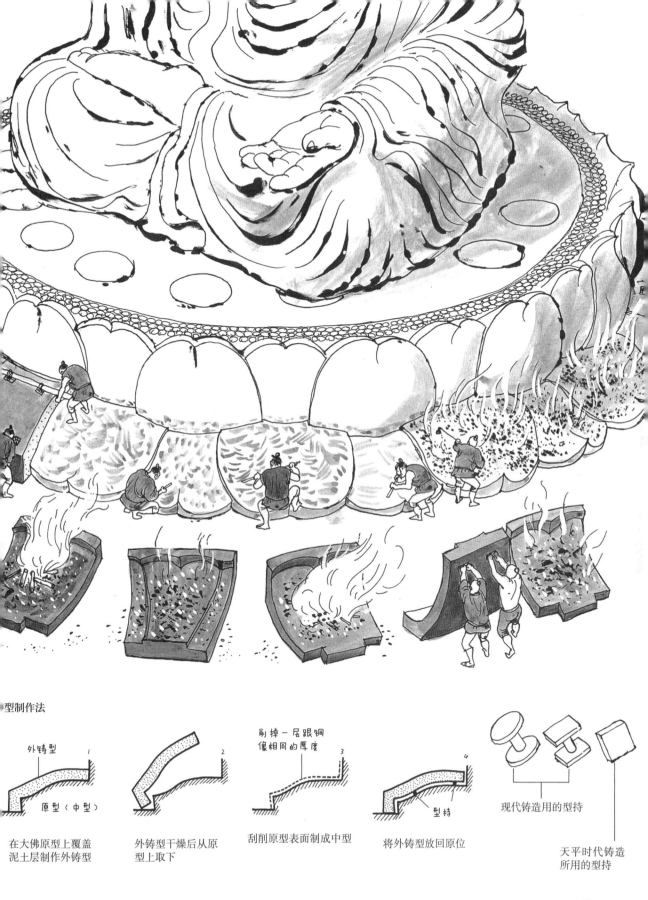

型制作法

外铸型 1

原型（中型）

在大佛原型上覆盖
泥土层制作外铸型

2

外铸型干燥后从原
型上取下

削掉一层跟铜
像相同的厚度

3

刮削原型表面制成中型

4

型持

将外铸型放回原位

现代铸造用的型持

天平时代铸造
所用的型持

39

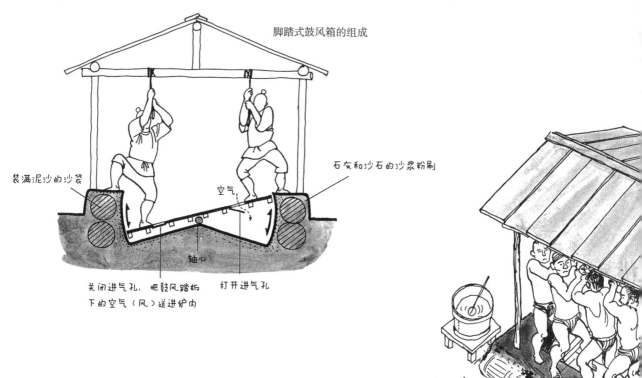

脚踏式鼓风箱的组成

装满泥沙的沙袋

石灰和沙石的沙浆粉刷

空气

N

轴心

关闭进气孔，把鼓风踏板下的空气（风）送进炉内

打开进气孔

脚踏鼓风箱

铸型完成以后，人们开始准备炼铜用的熔炉，以及将铜液导入铸型内的导沟（称为"樋"）。熔炉是以耐火黏土和砖块做成，放在堆得比铸型高一点的土堆上。导沟则以石头（主要是耐热的大谷石等）和土做成，从较高处的熔炉连通到较低处的铸型入口。

在铸造的时候，工人将铜、锡和炭火都倒进熔炉内加热熔化。纯铜里要加入一部分的锡，帮助铜液流动平顺，并增加硬度，才能使之成为又硬又坚固的青铜。青铜中的锡所占的比例大概是 5%—10%。

当时铸造大佛并非仅使用精炼的纯铜，铸造过程中也用铜矿石和其他铜制器具作原料。佛像含有许多杂质，不过也正因如此，当时的铜制品带有一种微妙而特别的气息，比现代精炼的纯粹铜制品显得更为美丽而别有一番韵味。

这时以炭和木材作为熔炼铜的燃料。熔炉内的温度要提高到 1100℃—1200℃（铜的熔点是 1083℃），因此工人必须不断用脚踩鼓风踏板（脚踏式鼓风箱）将风送进炉内，让火能够炽热

熔

浇口（汤口）

火口

樋

燃烧。铜和锡逐渐熔化时，会向下流到熔炉的下端，余烬留在上方。

铜熔化以后就顺着樋一路流到铸型里去。平时，铜流出熔炉的出口（火口）都用泥土堵住，要让铜液流出时才打开。为了不使铜液在流经导沟时冷却硬化，还要事先用炭火加热导沟路径，让导沟维持一定的热度。

人们在大佛四周准备了数十座这样的熔炉，熔铸第一段大佛的预备工作才算大功告成。从大佛原型完成日算起，到这时已又过了将近一年。

747年（天平十九年）九月二十九日，大佛的铸造开始了。

天刚破晓，所有的熔炉都装满金属、炭火、木材，燃料也点上了火，大批人力投入踩踏鼓风踏板的行列。一群人齐声喊着号令，同时奋力踩踏鼓风踏板，熔炉内起初还只有紫色的火焰，喘不上气似的吐着烟，不久之后就变成火红的熊熊烈焰，周围笼罩在一片烟雾之中，工人一直不断地朝炉内添加柴火、木炭以及铜、锡金属。

等到太阳爬上山头的时候，原本坚硬的铜块逐渐熔化成赤红滚烫的熔浆，咕嘟咕嘟地沸腾着冒出滚烫的气泡。铸师个个摩拳擦掌，跃跃欲试地准备打开熔炉的火口。但是大铸师（铸造方面的最高负责人）却阻止了铸师们的行动，双手抱

胸，眼睛盯着沸腾的铜液。他在等待沸腾的铜液稍微沉静下来，因为铜液在冒着气泡的状态下温度太高，将无法顺利灌入。当然，等待的时间太长，炉内温度降得太低也不行。决定何时打开火口让铜液流出，是非常困难的工作，必须依靠经验丰富的大铸师的直觉来判断。

大铸师注视着每个熔炉的状态，终于做出手势，大家见状立刻同时将火口打开，火红的熔浆发出轰隆隆的巨响，顺着导沟流下，一口气从浇口灌入铸型中。其情景如同火灾现场，彷佛人间炼狱。

为了预防意外事故发生，消防人员和医疗人员在一旁随时待命。这些人看见这样的情景惊讶得呆若木鸡，连一点声音也发不出来。

天平时代大佛的铸接法大都极为简单

第一段大佛的铸造工程完成，青铜完全冷却以后，先不除去外铸型和覆盖在其上面的土堆，放在原位可直接作为接下来铸造第二段的立足处。

最困难的是如何连接第一段和第二段。若毫无计划地浇铸下去，连接线的构造强度必定不够，所以需要在接合处下功夫。镰仓大佛（13世纪）也是分成八段铸造的，其接合（铸接）方式相当复杂，是将上一段和下一段用精巧的卡榫交错接合，需要非常高超的铆榫嵌合技术。天平时代铸造奈良大佛时，技术应该还没这么精准，所以用的大概是比较单纯的搭接或者套接的方式。

事实上，现存天平时代铸造的奈良大佛部分非常少，很难依现状来推测当时的制作过程和具体的方法。虽然史料留下了"花费三年时间分八次铸造大佛"的记载，但是无法确认当时的制作过程和方法。

至于头、手等部位的制作详情，也已经无法知晓。铸造镰仓大佛的时候，人们另外先铸造了大佛的头部和手部，然后在从下段往上铸造大佛的工事中，将手部接合上去，到了铸造肩膀附近时，将头部也安装接合上。

天平时代的奈良大佛，其铸造的详情如何？是像镰仓大佛一样先铸造头部和手，之后再接合吗？还是在铸造身体的时候连头和手一起浇铸出来的呢？（本书描写的是头、手与身体的原型一气呵成铸造出来。）或者，是用我们现代人想不到的其他特殊方法铸造出来的呢？

眼前，一切都成了无法揭开的谜团。关于材料、物资的调送，祭祀活动的进行，组织人事的安排等，当时的人们都留下了详细记录，唯独对于大佛头部、手部的连接方法等技术事项，没留下任何线索。

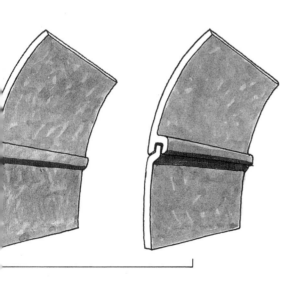

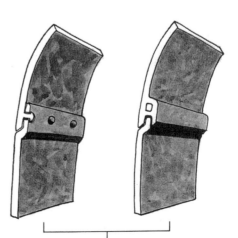

镰仓大佛的铸接法相当复杂

铸造工程如此一段接着一段地进行，到了 748 年（天平二十年），进度已经超前了不少。

处理熊熊燃烧的烈焰和熔化的滚烫金属熔液是非常危险的作业，有时会发生意外事故，所以，人们时常会请僧侣诵读《救护身命经》以消灾祈福，这部经是专门用来消弭众生身边危险的。当大佛铸造工作进入重要阶段，总会发生一些难以预料的困难状况，诵经祈福更有必要。

在铸造现场人们仍然不眠不休地持续工作着。熔化铜金属的火焰，从炉口伸出的炽红火舌，映照着夜空，红遍半边天际，即使隔着一座山，从山背（现在的京都）南部都能遥望得到。

在这紧要关头，八十二岁的行基法师在 749 年（天平二十一年）二月二日，逝世于奈良的菅原寺。行基的去世，对于所有铸造大佛的相关人员而言，都是非常严重的损失。

工人每天的配给食物是玄米（糙米）二升（一升相当于现在的量米杯四杯）。监督他们工作的监工分配到的米比较少，一天大约是一升四合。需要消耗大量体力的重体力劳动者和负荷轻微的轻体力劳动者，配给粮食的分量完全不同。

米粮全都炊煮成米饭，再加上盐、醋、味噌、酱油、海藻、腌菜等副食品，还有当季的蔬菜、水果等，一同食用。当然，作业员也同样配给食物。在现场工作的几乎都是男性员工，唯有炊事场偶尔传来炊事女工的谈笑声，为工地附近带来一些热闹的点缀。

工人司工除了上述食物之外，还配给大米、衣服，并且依工作成绩可获得官位或奖金（称为"禄"）。其他佛工、画师等从事神圣工作的作业人员，还另行发放称为"净衣"的白色衣服。

此外政府还支付薪水（称为"功钱"）给雇工。佛工每天 60 文，铸工、铜工大约 50 文，画工和金工是 30—40 文，搬土工、木工、砖瓦工则为 10—15 文。其他作业员当中，佣工每天 10—15 文，女佣则是 5—8 文。打杂的小工也能分到米、钱、布帛等物品。

另一方面，工人的举动会受到严格的监督。若是工作不符合规定、不够尽力或者偷懒，就会遭到责罚，有些小工甚至因为受不了辛苦的劳动而逃走。但是监工对待劳工并非苛刻而不近人情，工人生病请假时也照样能领工钱，遇到父母身亡等不幸发生，工人能马上拿到钱回家乡。此外，监工不得要求工人在夜晚赶工，六七月最炎热的时节，工人从正午12点到下午2点还有午休时间。

工人的出勤管理很严格，类似现代的按时计酬制度，而且分工相当精细，工作管理极有效率，各方面都不比现代化的工厂逊色。

许多人一看到大佛等天平时代的大型建造物，说不定会认为是驱使奴隶建造的。其实如果仔细爬梳当时的记录，就会发现事实跟想象的不尽相同。

制作大佛需要的金属材料，得从日本全国各地搜集。铸造需要的材料有铜、锡以及镀金所需的金和水银。这些金属的需求量有多大呢？收录于《东大寺要录》的《大佛殿碑文》记载：

熟铜（精炼的铜）　739 560 斤[1]（499 吨）

白镴（不纯的锡）　12 618 斤（8.5 吨）

炼金（黄金）　10 436 两（440 公斤）

水银　58 620 两（2.5 吨）

当时挖掘矿物的技术还不够进步，要搜集这么多的金属，实在是非常艰难的事情。为了解决这样的困难，百姓只好将家里珍藏的铜镜等宝贝都贡献出来铸造大佛。大家贡献的这些铜器，最后都直接投入铸造大佛的熔炉了。

根据从前的记录，因幡国曾于 698 年（文武

1　斤：日本古代质量单位，此处约等于 675 克。——编者注

● 铜的出产地：因幡（鸟取）、周防（山口）、武藏（埼玉）、
　　山背（京都）、备中（冈山）、备后（广岛）、
　　长门（山口）、丰前（福冈、大分）

■ 锡的出产地：伊予（爱媛）、伊势（三重）、丹波（京都、兵库）

○ 金的出产地：陆奥（宫城）、对马、骏河（静冈）

▲ 水银的出产地：伊势（三重）、常陆（茨城）、备前（冈山）
　　伊予（爱媛）、日向（宫崎）

天皇二年）提供铜矿给朝廷。当时日本从中国学习来的最新挖矿技术已逐渐成熟，到了能够实用的阶段，同年周防开始挖出铜矿了。不久之后，武藏国也挖出了铜矿，以当时的金属产量来说已算非常可观，日本甚至为此特地把国号改为"和铜"（708），可见其重要性。除此以外，山背、备中、备后、长门、丰前等国，都是当时重要的产铜地。铸造大佛所用的铜，大概是从这些国度搜集而来的。

在铸造工程顺利进行之际，相关人士要担心的还有大佛镀金所需黄金的供应问题。日本当时尚未掌握挖掘金矿的技术，装饰大佛金身所需的黄金，一点着落也没有。

为此，良弁先后两度深入吉野的金峰山、琵琶湖附近的石山，虔心祈祷"能早日发现金矿"。皇天不负苦心人，在749年（天平二十一年）二月二十二日，来自陆奥国的快马使终于为京城带来了"发现黄金"的好消息。当时挖掘到金矿的地点，在现在的宫城县远田郡的黄金神社附近。

圣武天皇和光明皇后闻讯立即前往大佛座前礼拜祝祷，然后由左大臣橘诸兄向大佛报告发现黄金的喜事。

这时候铸造大佛的工程进展得很快，已接近最后阶段了。整座大佛原型只剩头部到胸部最上面一段露出来，其余部分全都覆盖在土中。

日本年号在四月十四日改为"天平感宝"（749）。同年的四月二十二日，陆奥国守百济王敬福呈献首批发现的黄金。

在此前后，为了支援东大寺的财政，政府在越前（福井）、越中（富山）等地辟建了广阔的庄园作为收入来源。

原本健康状况就不太好的圣武天皇，在这时将皇位传给女儿阿倍内亲王（即位为孝谦天皇），年号再度更改为"天平胜宝"（749年七月二日）。

在这期间，大佛本身的铸造工程已进行得差不多了，自四月八日起，开始制作侍立大佛左

右的两尊胁侍佛像。这两尊胁侍像是观音菩萨和虚空藏菩萨，其大小足以与大佛相称。虽然这两尊佛像没留存到现代，我们无法得知详情，但可确定并非金铜佛像，而是塑像或者干漆像之类的佛像。

　　造东大寺司的造佛所以国君麻吕为中心，在这个时期另外制作了许多优良精致的佛像。目前仍存于东大寺三月堂的不空羂索观音像，就是当时具有代表性的一件作品。

大佛是东大寺的本尊佛像，照理应安置在金堂的建筑物内，但是大佛必须在固定的台座上进行铸造，无法移动，因此实际施工时不得不先铸造大佛，再建造能遮盖大佛的金堂。金堂是为了容纳大佛而建，因此特别称之为大佛殿。

在进行大佛铸造工程的同时，人们从山上砍伐木材，积极为建设大佛殿准备。天平时代的大佛殿规模比现有的（江户时代复建，目前世界最大的木造建筑物）更大，建筑工程非常困难，因为必须要建造比一般寺院的金堂大数十倍的木造建筑物，单木柱部分，就需要至少 84 根直径约 1.5 米、长约 30 米的粗大木材。

除了大佛殿之外，东大寺也建造各种塔堂，为此采伐、募集的木材数量也非常惊人。因此，东大寺在甲贺山、伊贺山、田上山以及琵琶湖以西的高岛山等，都设置了处理木材的山作所，从山上砍伐并搬运木材。根据记载，749 年（天平胜宝元年），播磨国（兵库）曾为建设大佛殿而砍伐 50 根巨大的木材。

砍伐下来的树木先在山作所加工制材，再送到附近的河川旁，编排成木筏顺流送下，若是河川蜿蜒或者水流湍急，就先将木材一根一根分别顺流送到下游的木筏场，然后再编成木筏送出。

木材到达东大寺的木工所之后，由木工接手进行木材加工作业，他们依照规定将木材加工成各种尺寸和形状。

当时的木工工具有墨斗、圆规、曲尺、斧头、手斧、刨刀、锯子、凿子、锥子等，种类已经非常齐全了。但是当时称为枪刨的刨刀，形状和用法都和现在的木工台刨不太相同，只能将手斧削过的粗糙木材表面削得更平滑一点。锯子也是横切用的，无法像现代的锯子一样顺着纤维的方向，纵向将木材切成长条形。

同时，东大寺的造瓦所正加紧制作大佛殿屋顶用的大瓦片。瓦窑旁边设置了作业所，制瓦工人忙碌不停。这样的瓦窑在日本境内到处都有所设置，其中一个遗迹在目前东大寺寺内西南角的斜坡上（即现在的春日大社，一之鸟居附近的荒池瓦窑遗迹）。

巨大的大佛殿使用的瓦片特别大，所需数量也非常惊人。现存的大佛殿铺了 10.9 万片瓦，天平时代大佛殿规模比现在更大，从其屋顶到底覆盖了多少瓦片，可以想象其工程的巨大。

据说日本最早使用瓦片是在 588 年（崇峻天皇元年）创建法兴寺的时候，当时有四位从百济渡海而来的瓦博士（制瓦的技术人员）向日本人传授了制瓦技术。

终于，大佛本尊的铸造总算完成了。从开工铸造起，总共花费了两年岁月，到 749 年（天平胜宝元年）十月二十四日，大佛本尊终于完成。正式的记载是"为期三年分八次铸造"，这包括塑像完成后的准备铸造阶段，花在铸造上的时间大约是两年。

这时候大佛还整个埋在土里，外表看来似乎只是一座小山丘。于是工人们开始将覆盖的泥土和外铸型一点一点移除，他们站在覆盖用的泥土上面，打破铸型使佛像露出，审视大佛表面找出浇灌时铜液没有流到的部位，然后重新炼铜液当场浇灌补入这些缺口。

如此，大佛从头部开始逐渐从土堆中露出来，进行工程的相关人员看着心中充满欢喜。到了十二月初，大佛整个身形完全显露了出来。

同年十二月二十七日，5 000 名僧侣在东大寺举行盛大的法会，以圣武太上天皇为首，所有重要人物全部到齐。因为这场法会是为了感谢宇佐八幡的神祇保佑大佛工程而办，所以宇佐八幡宫的神官也出席了这场盛会。

移除铸型以后，大佛整体外观凹凸不平，到处都有裂缝、铜液没流注的空洞部分，这一般被称为"铸物松"，所谓"松"就是铸造时所灌注的铜液中的气体化成气泡，在铜液冷却凝固后留下的空隙。

　　因为有这样的空隙存在，所以打破铸型之前无法得知铸造的成败，而且无论铸造技术如何高超，像奈良大佛这么大的铜像，工程中留下空隙之类的小缺憾是无法避免的。为了修补这些缺陷，必须进行加铸作业，这又耗费了五年工夫。除了重新炼铜液，灌入空隙和裂痕来弥补之外，还需要进行"嵌金"作业，就是另外制作铜块，用以嵌入较大的空穴来进行填补。

　　同时，人们还要用锉刀、平口锥（凿子的一种）来打磨这些整修过的表面。此外，也用刮刀等钢铁制的刀刃来刮平，用砥石来打磨，使表面更加平滑，这项作业称为"铸浚"（磨砺加工）。

　　为此，修补铸像工作又耗费了大约 16 吨的铜，以及比铸造更长的时间，从 750 年（天平胜宝二年）一月持续到 755 年（天平胜宝七年）一月。在这么长的工期里，许许多多的铸造工、铜工、金工怀抱着让大佛完工的愿望，坚忍不拔地在岗位上辛苦地工作。

佛像头顶部饰有称为螺髻（或螺发）的螺壳状鬈发。大佛的螺髻相当大，每一个高达一尺二寸（大约36厘米）、直径有六寸（大约18厘米），因此应该是后来安装上去的。

大佛铸造完毕不久，铸造工人就着手这些螺髻的铸造。大佛的螺髻总共有966个，花费了560天，用了6.3吨的铜才铸造完成。额头中央的白毫也同时铸造，与螺髻一同装上佛头。这些工作从749年（天平胜宝元年）十二月一直进行到751年（天平胜宝三年）才完成。

天平胜宝三年九月，大佛两侧的两尊胁侍佛像——观音菩萨和虚空藏菩萨也顺利完成了。

接着，人们将残留在大佛原型内部的沙土、木柱骨架取出，开始准备镀金作业。大佛镀金的时候会用高温让水银蒸发，若大佛内部仍塞满沙土，加热的火力一半以上都会被沙土吸收，不能达到让水银蒸发的高温，镀金作业也无法顺利进行。

大佛背后可能像镰仓大佛那样事先留下一个洞口以便进出，也可能在大佛底座后面开了洞门，便于搬运沙石木材进出。

另一方面，建筑大佛殿的工程和大佛的后期收尾工程同时进行。

750年（天平胜宝二年）八月左右，2 200名人力集中力量制作了大佛殿支柱下面的础石。到了翌年（751）一月，大佛殿的支柱全都竖立了起来。大佛和大佛殿的工程即将完成，人人加紧工作，时光如梭般流逝。

如此赶工到751年，大佛和大佛殿的主要工程几乎都完工了。

等过完年，进入752年，终于到了举办大佛开眼会的阶段了。所谓开眼会，就是用毛笔在佛像的眼睛里描绘瞳孔，迎接佛的精魂进入佛像的仪式，这个仪式结束以后，大佛才算正式完工，成为一尊真正的佛像。据说这次奈良大佛的开眼会是日本举行的首次开眼会，可说是日本这类仪式的鼻祖了。

从552年（钦明天皇十三年）佛教东传日本算起，这一年刚好是佛教传至日本的第二百年（佛教传到日本的时间一说是538年），为了能在这值得纪念的年度举行开眼会，大佛和大佛殿的建设工程夜以继日地加紧赶工。

开眼会的日期确定在释迦牟尼的诞生日——农历四月八日那天举行。

镀金是制作大佛的最后一道工程，从 752 年（天平胜宝四年）三月十四日开始进行。这一年三月是闰小月，仔细算算，距开眼会只剩下五十三天，实在太紧迫了，结果镀金工作只完成了一部分。

这个时代的镀金技术，是将金片、金箔以及金砂等混入水银中，制成金汞合金（汞膏），涂在物品表面上。工匠在事先打磨得很光滑的大佛表面用醋（梅子醋等）将其擦干净，再涂上膏状的金汞合金。接着以 350℃的高温加热，合金中的水银会蒸发，剩下黄金附着在大佛表面上。这样的作业要重复好几次，从而在大佛表面覆盖上一层较厚的黄金，再用小铁铲般的工具将其打磨得光滑发亮。

涂上金汞合金时大佛表面看起来是白色的，加热、打磨之后会变成灿烂的金黄色。不过水银蒸发时会产生剧毒的水银蒸气，所以这项作业相当危险。由于作业是在已完成的大佛殿内进行，通风状态不如露天良好，虽然没有留下正式记载，但应该有作业人员受累，类似现在所谓的工业伤害。

当时使用了 4187 两黄金，溶于水银中制成 25 134 两（约 360 公斤）金汞合金，这样计算起来黄金和水银的比例大致是 1∶5。镀金作业总共花了五年时间才算大功告成。要为这么大的佛像全身镀金，的确是一项浩大而辛苦的工程。

奈良大佛莲花座上的每一片花瓣都要描绘雕刻图案，这项雕刻作业也从 752 年二月开始进行。上面刻画的内容具有非常深远的意义，与卢舍那佛的关系非常密切。开眼会的日期已经迫在眉睫，雕刻作业也紧急动工了。

这个铜制的莲花座由向上的花瓣层和向下的花瓣层组成，向上的二十八片花瓣分别雕刻了莲华藏世界的图画。

所谓的莲华藏世界是《华严经》所说的世界，描绘的是宇宙的模样。莲花瓣的最下方，以须弥山为中心环绕着七个世界。这个世界称为"一世界"，我们也住在其中。一千个一世界为"小千世界"，莲花瓣中央画了二十五条横线，表现这个小千世界以及掌管各个小千世界的千佛联合而成的"中千世界"。掌管中千世界的佛，是坐在莲花瓣上部正中间的释迦如来，周边围绕着许许多多的菩萨。

这样的莲花瓣每一片代表一个中千世界，最后所有花瓣上的雕刻合成整个莲花座，显现出一个完整的大千世界。而掌管这个大千世界的卢舍那佛，正是坐在这个莲花座上的金铜大佛。

这就是《华严经》的世界观，这样的想法很类似我们对于现在居住的这个宇宙的看法。地球所在的这个太阳系若算是一个世界，无数这样的星系构成银河系，许多类似银河系的星系又形成无垠的大宇宙。佛教对于宇宙的想法具有广阔的视野，这样的想法很贴切地表现了佛教思想最基础的部分。

铜座上的刻雕图案，是天平时代佛教绘画最优秀的作品之一。很幸运地，莲花瓣的一部分留存至今，将佛教文化鼎盛时期最珍贵的艺术表现留至现代。

铜座的莲花瓣上刻绘着莲华藏世界的图像

为了迎接即将于四月八日到来的开眼会，所有的作业人员无不夜以继日地不停赶工，大佛殿除了细部作业之外，已经大致完成了。当时的大佛殿高达十五丈六尺（约 47 米），正面宽十一间（柱子和柱子之间的距离为一"间"，十一间就是十一个柱间），共二十九丈（约 88 米），实在是一座相当庞大的建筑。而大佛殿的西南方建造了七重塔，是一高约三十三丈（约 100 米）的巨塔。

此外，还制作了大钟（高约 3.8 米、口径约 2.7 米、重约 26 吨），挂在钟楼上。这座大钟直到庆长末年（1615），一直是日本最大的钟，现在仍然高挂在东大寺的钟楼上。

四月七日，即开眼会的前一天，贵族纷纷献上了供奉大佛的纸花。事实上，举行开眼会的日子是四月九日，应该是由于某种理由（例如下雨）而不得不延期到九日的吧！

正仓院天平时代的开眼缕

天平时代的开眼笔

752年四月九日，终于要举行大佛开眼会了。平城京到处人声鼎沸，热闹非凡。

其实大佛还有一些镀金、雕刻的部分尚未完成，只能勉强算是完工。这一天，卢舍那佛大佛像正式接受供养。从743年（天平十五年）圣武天皇下诏铸建大佛，至今已经过了九年。以圣武太上天皇为首，包括国君麻吕在内的官员以及工人膜拜大佛时，胸中必定涌起了万千感慨和感动吧！

设在大佛殿前的布板殿（铺上布垫的临时平台），最前方坐着僧侣打扮的圣武太上天皇，然后是光明皇太后和孝谦天皇，后方则是贵族、高官人等。开眼会仪式和元旦举行的仪式大致相同。大佛殿内，空气中散发着焚香的气味，许多刺绣精美的幡旗和五色幡闪耀非凡，众贵族在四月七日献上的纸花铺满了殿内所有的空间。

终于，在"玄藩头"（负责主持僧尼法会和接待外国贵宾者）带领之下，尊贵的僧侣依序从南门进场。首先是主持开眼会的上导师；其次是来自印度的高僧菩提僧正（应日本遣唐使邀请而于736年来日的菩提仙那）乘着舆轿，在专人为他撑起的大白伞盖（贵宾专用的绢丝伞）下缓缓进场；随后入场的是《华严经》讲师隆尊和尚、诵经师延福和尚。大佛开眼的时刻终于到来，钟鼓齐鸣响彻云霄，散花（遍撒莲花瓣来供养大佛）仪式之后开始诵经。行基法师的弟子景静和尚的身影，也出现在僧侣的行列中。

大佛的眼睛长约1.2米，菩提僧正手运大笔往正中央点睛。巨大的毛笔上绑着五色缕（长度约215米的绳索），以圣武太上天皇为首的参列者一同握持着。这样一来，大佛开眼时令人激动的震撼就从人们的手心传到胸口，使在场所有的人同时涌起感动的共鸣。

话说回来，大佛高达16米，菩提僧正当时到底是如何点睛的呢？是设置了高台，让他攀登站到眼睛前的位置吗？还是在大佛殿梁柱上架设滑轮，让他坐在篮子里把他拉上去的呢？文献显示江户时代重建大佛，开眼时只是人站在地面凭空比画，就算完成了点睛的仪式，但一般认为，天平时代开眼会的点睛仪式应该是人直接站在大佛眼前完成的。

75

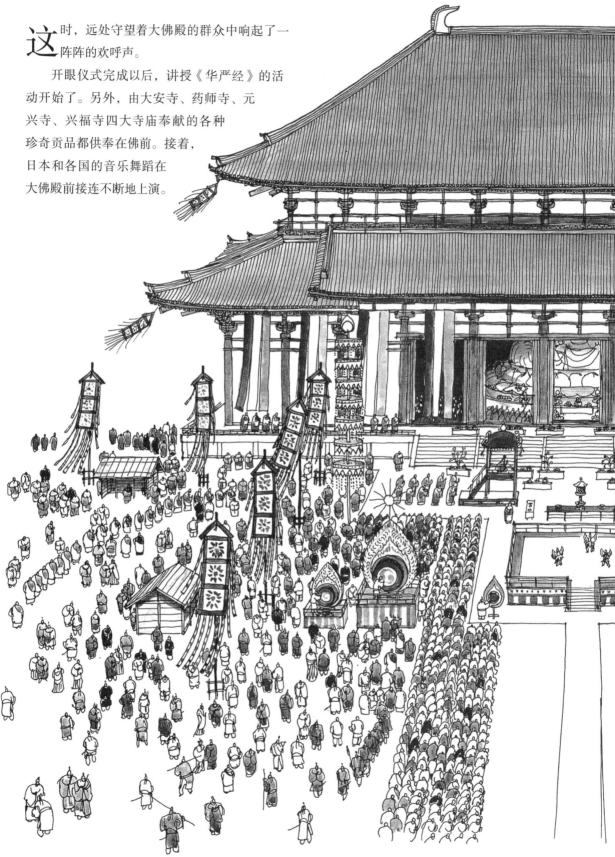

这时，远处守望着大佛殿的群众中响起了一阵阵的欢呼声。

开眼仪式完成以后，讲授《华严经》的活动开始了。另外，由大安寺、药师寺、元兴寺、兴福寺四大寺庙奉献的各种珍奇贡品都供奉在佛前。接着，日本和各国的音乐舞蹈在大佛殿前接连不断地上演。

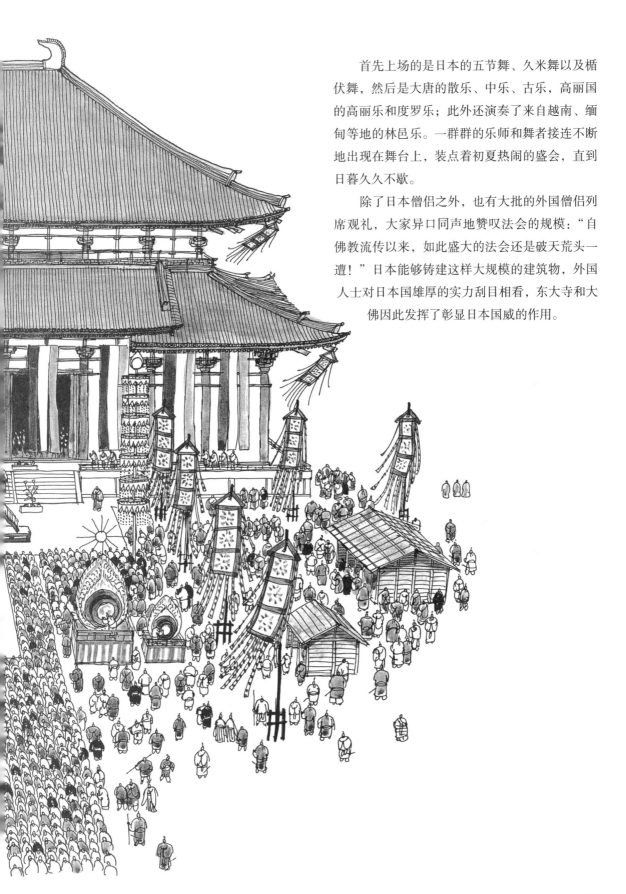

首先上场的是日本的五节舞、久米舞以及楯伏舞，然后是大唐的散乐、中乐、古乐，高丽国的高丽乐和度罗乐；此外还演奏了来自越南、缅甸等地的林邑乐。一群群的乐师和舞者接连不断地出现在舞台上，装点着初夏热闹的盛会，直到日暮久久不歇。

除了日本僧侣之外，也有大批的外国僧侣列席观礼，大家异口同声地赞叹法会的规模："自佛教流传以来，如此盛大的法会还是破天荒头一遭！"日本能够铸建这样大规模的建筑物，外国人士对日本国雄厚的实力刮目相看，东大寺和大佛因此发挥了彰显日本国威的作用。

《信贵山缘起绘卷》描绘的天平时代的奈良大佛

迎接华丽盛大的大佛开眼会之前，成千上万默默无闻的幕后功臣用自己的辛勤汗水撑起了整个工程。根据详细的记载，参与建造大佛和大佛殿的总人数是 2 603 638 人，其中包括木材相关技术人员 51 590 人、下属劳工 1 665 070 人，金属相关的技术人员 372 075 人、下属劳工 514 902 人等。以当时的日本人口计算，平均每两个人之中就有一个曾经参与这项工事，可见建造大佛的工程是多么庞大。

将天平时代的大佛和大佛殿面貌流传至今的，只剩一幅平安时代所绘的《信贵山缘起绘卷》。观看这幅画就会发现，大佛全身闪耀着金黄色的光芒，面部彩绘成青眉红唇。天平大佛的背光（佛像身后的光环，表示光明的装饰）竟描绘了多达 536 尊化身（如来为拯救世人幻化成的各种不同的形象）。现在的大佛是江户时代重制的，背光上只有 16 尊化身。此外，原本在铜制的莲华座下还有大理石制的双重莲花座，这部分已经不复存在，只剩下花岗岩的石坛了。

开眼会结束之后，大佛和大佛殿的细部收尾工作就慢了下来，大概是因为大佛开眼这项重大任务完成后，大家紧绷的精神都松弛下来了吧。

但是大佛的补铸、镀金、铜座雕刻等各种作业仍在不断进行，到了 756 年（天平胜宝八年）七月，铜座和铜座下的石座（莲花座）工程一一完成，最后的镀金工作一直持续到 757 年（天平胜宝九年）五月前后才全部竣工。

伎乐面具（力士）

琵琶

装饰七宝的镜子

绀青色的玻璃杯

木制镶嵌盒子

刀子（小刀）

贵族所穿的皮鞋

皮带（表面涂黑漆）

罗衣（仪式用的僧侣衣）

圣武太上天皇达成了建立大佛的夙愿之后，于756年（天平胜宝八年）五月二日逝世于平城宫的寝殿。享年五十六岁。当初热心地建议圣武帝修建大佛和东大寺的光明皇太后，决定将具有非凡纪念意义的物品全都奉献给东大寺。

这些物品包括圣武帝珍爱的乐器、家具、食器等身边的用品，以及许多珍贵的宝物。其中甚至有远从波斯经由丝路传来的玻璃器皿，每件都精巧非凡，从这些物品能看出当时工艺技术水平的确非常高超。此外，大佛开眼会上使用的开眼笔、佛具等物品也都收藏于此处。

这些物品现在仍是东大寺正仓院最重要的宝物。由于正仓院管理宝物非常严格，大量的宝藏才能完整保存到现在，成为人们了解8世纪世界的贵重资料。

此外，孝谦天皇下诏："在明年圣武帝逝世周年忌之前，一定要完成大佛和伽蓝（寺院建筑物）工程。"

757

年（天平胜宝九年）五月二日，1 500 名僧侣聚集在东大寺，举行圣武帝逝世周年忌法会。

此时的大佛，包括镀金的工程在内已经全部完成，佛身闪耀着金黄色耀眼的光芒。根据《延历僧录》的文件，大佛佛身总重约250.2吨，铜制的莲花座则重129.2吨，合计重达379.4吨，是全世界少见的特大铜铸佛像。此时，大佛殿已经先完工了。

回想起来，从下诏铸建大佛到此时，已经过了十四年。

到了天平时代后期，主要的建筑物大致已完成，但建造寺院伽蓝的工程仍持续着，到平安时代才全部竣工。为了配合雄伟的本尊卢舍那大佛，人们建造了非常庞大的七堂伽蓝。所谓七堂，是指寺院的金堂（大佛殿）、讲堂、塔、钟楼、经楼、僧房和食堂。

大佛殿四周环绕着精美的回廊，在大佛殿的南侧，东西方各建了一座回廊环绕的大型七重宝塔。整个东大寺不愧是以当时最高超的建筑技术完成的伽蓝。

东大寺中收藏了许多珍贵的艺术品，从这些天平时代的艺术品可以看出日本当时受到中国以及世界各地文化的影响。

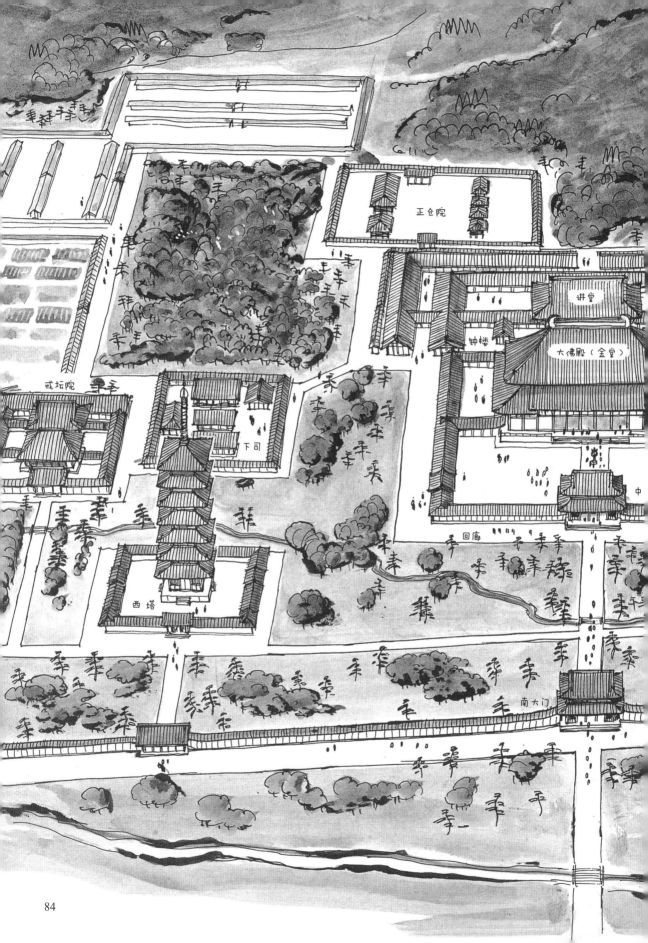

正仓院

讲堂

钟楼

大佛殿（金堂）

戒坛院

下司

中

回廊

西塔

南大门

84

天平时代后期东大寺伽蓝已经大致完工

1180 治承 四 十二月二十八日平衡烧毁大佛殿，大佛头部、手部损伤掉落（图B）。

1181 养和 一 一月八日重源上人筹备整修大佛，并重建大佛殿（图C）。

1184 寿永 三 六月二十三日中国宋朝的铸师借助佛后山之便，完成大佛的铸造。

1185 文治 一 八月二十八日在雨中举行大佛开眼会，由后白河法皇执笔开眼（图D）。

镰仓

1195 建久 六 三月十二日最新建筑式样的大佛殿（大佛式）竣工，尺寸和天平时代相同。源赖朝也列席参加大供养会。

1203 建仁 三 十一月三十日东大寺大佛、伽蓝及所有佛像全部复原，举行总供养会。

室町

1567 永禄 十 十月十日三好、松永两氏战争，造成大佛殿全部被烧毁，大佛除腰部以下一部分外，大半都遭到熔毁（图E）。

1568 十一 七月十八日补铸大佛膝部等部分佛身，暂时安装木制头部，但此后大佛长期暴露在风吹雨打之下（图F）。

1569 十二 山田道安修补大佛。

江户

1684 贞享 一 五月八日公庆上人为再度兴建大佛殿而向幕府请愿（图G）。

1691 元禄 四 二月三十日铸造师弥右卫门国重完成大佛的修理工程。

1692 五 三月八日至四月中旬，进行长达50天的大佛开眼会（图H）。

1709 宝永 六 三月二十一日至四月八日举行大佛殿落庆供养（庆祝落成的仪式），大佛殿的高度和侧面宽度都和天平、镰仓时代相同，唯独正面稍窄，少了四间，但仍是世界最大的木造建筑物。

近代

1903 明治 三六 七月一日动工整修大佛殿。

1915 大正 四 五月二日至十七日大佛开眼。

1952 昭和 二七 十月十二至十九日大佛开眼 1200年，举行纪念法会。

1974 四九 六月开始大佛殿的昭和大修理。

1980 五五 十月举行大佛殿落庆的昭和大法会（图I）。

奈良大佛的历史

公元	时代	年号	大事记
740	（奈良）	天平 十二	二月圣武天皇在河内国知识寺见到卢舍那佛像。
743		天平 十五	十月十五日圣武天皇宣旨在紫香乐宫建造金铜的卢舍那大佛，同时行基法师率领弟子呼吁众人参与。
744		天平 十六	十月十九日圣武天皇旨在紫香乐宫垦地准备建大佛。十一月十三日甲贺寺竖立大佛骨架。
745		天平 十七	八月二十三日移至平城京的山金里，重新铸建大佛。
746		天平 十八	十月六日燃灯供奉卢舍那佛。
747		天平 十九	九月二十九日开始铸造大佛。
749		天平感宝 一 ／ 天平胜宝 一	四月一日向大佛报告挖掘到金矿的喜事。十月二十四日大佛本尊的铸造工程完成。
750		天平胜宝 二	十二月开始铸造大佛的螺髻。
751		天平胜宝 三	一月开始为大佛的螺髻。六月大佛螺髻全部铸造完成。
752		天平胜宝 四	九月二十三日大佛的胁侍像——观音菩萨、虚空藏菩萨完成。二月开始在铜座莲花瓣上雕刻图案。三月十四日开始为大佛镀金。闰三月二十三日铜座莲花完工。
754		天平胜宝 六	四月九日举行大佛开眼会。四月五日鉴真和尚在大佛殿前设戒坛，为圣武太上天皇、孝谦天皇等人传授戒律。
755		天平胜宝 七	一月大佛补铸工程结束。
756		天平胜宝 八	五月二日圣武天皇逝世周年忌。五月二日圣武天皇逝世。七月二十九日铜座雕刻完工。
757		天平宝字 一	五月二日举行圣武天皇逝世周年忌。大佛与大佛殿完工。
771		宝龟 二	大佛后方的木造背光竣工。
786	平安	延历 五	大佛臀部出现裂痕，最后严重到左手断裂落下。
827		天长 四	四月十七日大佛臀部凹折下陷，头部倾斜。在大佛后面堆筑土山（佛后山）防止继续恶化（图A）。
855		齐衡 二	五月二十三日（十七？）受地震影响，大佛头部脱离佛身滚落下来。
861		贞观 三	三月十四日重新将头部装回大佛，举行开眼会。

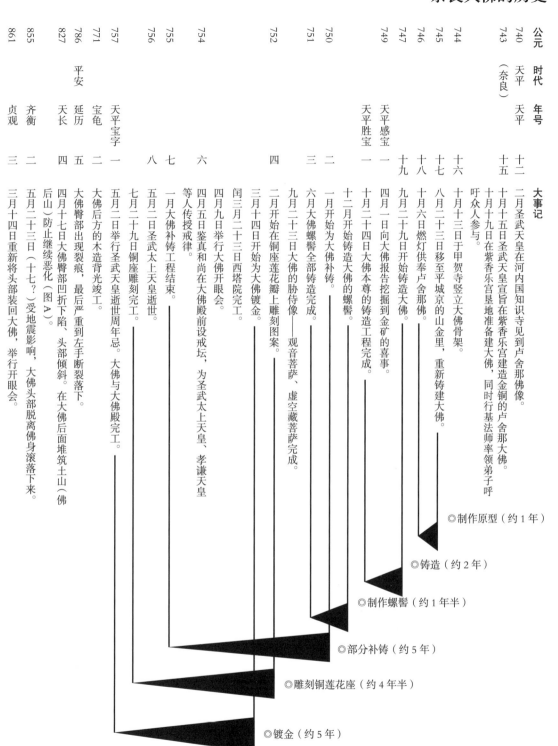

◎制作原型（约1年）

◎铸造（约2年）

◎制作螺髻（约1年半）

◎部分补铸（约5年）

◎雕刻铜莲花座（约4年半）

◎镀金（约5年）

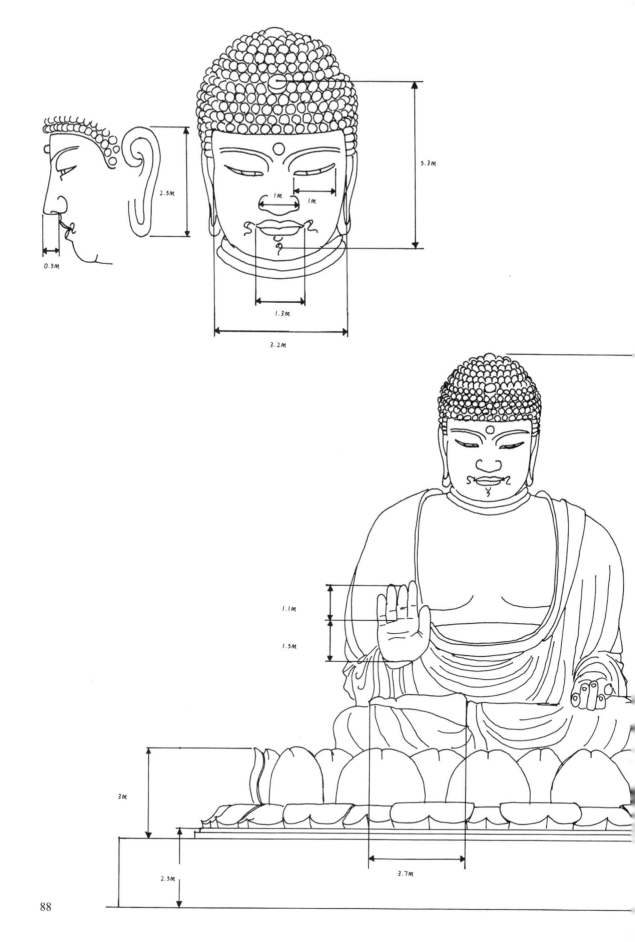

0.3m

2.5m

5.3m

1m 1m

1.3m

3.2m

1.1m

1.3m

3m

2.5m

3.7m

奈良大佛尺寸

	天平时代的大佛	现在的大佛
坐像高度	1 580 厘米	1 498 厘米
面孔纵长	473 厘米	533 厘米
面孔横宽	280 厘米	320 厘米
眼睛长度	115 厘米	102 厘米
鼻子横幅	87 厘米	98 厘米
鼻子高度	47 厘米	50 厘米
口唇长度	109 厘米	133 厘米
耳朵长度	251 厘米	254 厘米
手掌长度	165 厘米	148 厘米
中指长度	148 厘米	（左）108 厘米
足部尺寸	355 厘米	374 厘米
膝盖厚度	207 厘米	（左）223 厘米
钢座高度	295 厘米	304 厘米
石座高度	236 厘米	252—258 厘米

◎天平时代的大佛尺寸，是依据《大佛殿碑文》中记载的数字计算，以当时的唐尺（一唐尺大约相当于现在的九寸七分，约等于 29.6 厘米）换算出来的数据。而现在的大佛尺寸，是依据 1974 年（昭和四十九年）一月进行的照相实际测量求得的数值。

◎天平时代创建的大佛殿，尺寸为正面宽十一间，即二十九丈（约 88 米），侧面为十七丈（约 52 米），高度为十五丈六尺（约 47 米）。镰仓时代重建的时候，也是以和平时代同样的规模建造的。而江户时代重建的现今这座大佛殿，虽然侧面以及高度都跟创建时大致相同，但是正面宽度减为七间，只剩大约 57 米。

15m

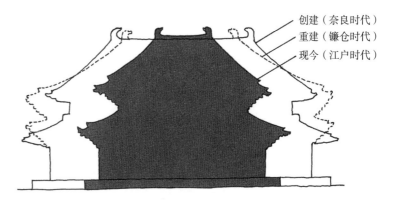

创建（奈良时代）
重建（镰仓时代）
现今（江户时代）

解　说

东大寺的金铜八角灯笼

✧ 天平时代的佛教与行基、良弁

　　佛教于 6 世纪中叶传入日本。当时的日本人第一次见到异国的佛像时，是如何地惊讶呢？《日本书纪》中有关于佛教传入的记载："钦明天皇十三年（552），天皇曰：西蕃献佛相貌端严全未曾有，可礼以不？"可见其惊异之一斑。当时建议天皇接受佛教的苏我氏以及反对佛教的物部氏，两者激烈冲突，结果苏我氏获得胜利，佛教也因此得以逐渐深入到日本文化中。

　　7—8 世纪时，能接触到佛教的都是贵族阶级以及地方豪族，僧侣也都出身于这些阶级。之后，日本开始建设大型寺院，当时的寺院是隶属于律令国家的设施，因此这些寺院举行的各种佛典仪式都与国家政治关系密切。天智天皇的梵释寺、持统天皇的药师寺都是典型的例子。这一时期的

历代天皇都致力于经营官方寺院，并且给予其层层保护。

　　建造佛寺、制作佛像、抄写经典等努力，都是为求佛力灵验庇佑。他们在寺院的所作所为，也都是为了祈求皇室和国家的安全繁荣。到中国大唐留学的僧侣道慈制定出家的规矩，并在宫中讲解《金光明最胜王经》，使佛教成为一种镇护国家的工具。之后，鉴真和尚从唐朝带来的新佛教思想，也才有机会在这个根基上成长茁壮。

　　当初建造大佛之际，僧侣具有举足轻重的地位。其中一位是行基和尚。行基（668—749）出生于和泉国，双亲都是渡来人[1]的豪族后裔，传闻他幼年就出家进入官寺佛门，但是并无能证实这个说法的官方记载。他在 717 年（养老元年）前后活跃于民间，极受豪族以及农民百姓支持。他也兴办各种事业，为了传教说法和遂行事业，在

1　渡来人：外来移民，特指 4—7 世纪来自中国和朝鲜半岛的移民。

各地兴建道场（私人的寺院），造桥修路、挖掘渠道水池，为稻田引水灌溉，为不幸无家可归的人布施、建造房舍，并在说法时讲解罪与福，也就是佛教的因果报应思想。人们受到行基的感召，逐渐相信若能积极参与各项佛教事业，对自己也是一种救赎。于是在短短的时间中，近畿地区建设了49所道场。

另一方面，良弁（689—773）是开创东大寺的僧侣。有人说他是渡来人的后裔，也有人说他是近江人或相模人，众说纷纭而真相不明。传说他在婴儿的时候被大鹫抓走，放在春日神社前的大杉树（现在这杉树被称为良弁杉）枝丫上，义渊和尚把他救了下来，教导他佛教思想（行基也同样受教于义渊）。之后，良弁跟随来自新罗的审祥和尚学习《华严经》，接着离开俗世，深入奈良东山之中，日夜修行。圣武天皇听说他深厚的学养和高尚的品德，特赐与索堂（三月堂）。后来他成为东大寺的第一代"别当"[1]，最终获得"僧上"的称号。

◇ 大佛损毁与重建的历史

为何日本会在一千二百年前决定兴建这么巨大的佛像呢？这应该跟《华严经》脱离不了关系。这部大格局的经典对日本人精神的影响非常深远。有些人认为当时日本只是仿效中国文化建造大佛，这样的答案可能失之偏颇。

倘若天平时代人人无忧无虑，生活充满喜乐，那别说不需要大佛，连最小的佛像也都不必要。事实上天平时代人民的苦恼和烦闷，恐怕是再大的佛像都无法消泯的，正因如此，才需要建造大佛。

另一方面，正仓院保留了无数异国的文化遗产，丰富到有人声称若没有正仓院的宝物就无法理解大唐文化。天平时代的人们对于异国文化的渴望，如同成长期年轻人旺盛的食欲一样，有着极大的热情。

天平时代就是这样一个充满渴望与热情挑战的时代，而站在这个天平时代文化顶点的，正是奈良大佛。

不幸的是，千辛万苦才完成的大佛像在786年（延历五年）从大佛臀部开始出现破损，僧侣实忠暂时做了些应急的修补措施。到了827年（天长四年），因为大佛臀部凹折下陷、高度减低，头部也向西方倾斜了六寸（约18厘米），故人们在大佛身后筑起小土丘来支撑，但是855年（齐衡二年）的地震使得大佛头部脱离佛身整个滚落下来。此时，真如亲王率众人展开整修大佛的作业，贞观三年（861）三月整修完成后，也比照天平时代举行了开眼仪式。

平安时代后期，大佛卷入源平两氏的战乱，在1180年（治承四年）十二月二十八日遭平重衡的军队烧毁。翌年，藤原行隆受命为造寺长官，以俊乘房重源上人为中心，加上后白河法皇、九兼实等宫廷贵族，以及源赖朝为首的镰仓武士的强力协助，更获得庶民百姓的喜舍，很快展开了大佛的修复工程。此外，中国宋朝的铸师陈和卿以及许多日本铸师也加入这个行列，终于修复了大佛。

日本进入战国时代，1567年（永禄十年）十月十日，松永久秀[2]引发的战火使大佛受到极大损害。这是在织田信长上京之前，日本战国时代最黑暗时期发生的事情。即使是战国时期兵荒马乱的时代，人们还是在翌年展开了重建工程，过渡时期山田道安和尚还以木芯贴上铜片制作克难的佛头暂时安装上。到了江户时代的贞享、元禄年

1　别当：这里指在东大寺、兴福寺等大寺设置的僧官，统理一山的寺务。
2　松永久秀：1510—1577年，战国枭雄，在与三好氏对战时烧了东大寺大佛殿。

间，大佛才由龙松院公庆上人进行正式的修复，1692年（元禄五年）完工后也举行了大佛开眼仪式。

由此可见，即使大佛遭受损伤，也一定会立即出现有心人士立志重建，而且每次的修复工程中，庶民百姓一定通力合作。治承时期主持修建的中心人物重源上人，步行全国各地化缘募集善款。贞享、元禄年间的公庆上人也遂行重源上人的意志，不分贫富贵贱，一视同仁地"劝进"（修建佛像和寺院而布施寄付钱财）众人布施金额。早在天平时代，建立大佛的中心人物行基也是以这样坚强的意志树立典范，推行建佛活动。这样的大佛不管在哪个时代，都能不断地召唤庶民百姓参与修建。

明治时代大佛殿年久失修，屋顶漏雨，淋湿大佛，东大寺的僧侣沿街托钵，化缘行迹遍布全国，呼吁各地庶民喜舍。奈良市的有志女性每天晚上敲锣鸣钹、咏唱歌谣劝进布施。有这样主动参与的庶民在幕后强力推动，政府也就不能再漠视了。昭和年代大佛殿的大整修也经历了同样的过程。可以说大佛一直是庶民百姓的共同财产，同时也是国家文化的重要遗产。

由于屡遭重大灾难，现在的大佛只有很少部分还残留着天平时代的遗迹。不过，铜制的莲花座（铜座）除了一些修理的痕迹之外，大致上还维持着当初建造时的模样。虽然这铜座上面的大佛遭逢多次灾难，但我们可以感受到每次灾难后人们修复大佛的强烈心愿。这心愿让大佛到现代仍能维持跟天平时代大致相同的体型（也就是说巨大佛像的基本构造比例几乎完全没变），并能重新获得生命，这可以说是一件相当幸运的事。

◇ 建造大佛的各种问题

铸造用高热熔化坚硬的金属，将其浇灌入事先准备好的铸型中，制作某种形状的器物。若要铸造中空的器物，就需要制作外铸型（雌型）和中型（雄型）。在弥生时代日本就已经从中国学习到利用金属的方法，开始制作铜剑、铜矛、铜铎等物品，到了古坟时代，更进步到能制作马具、铜镜。

随着佛教传来，日本人也学会了铸造寺院中的本尊佛铸像和佛具等，铸造技术更加发达。浇入金属熔液的铸型是用泥土塑成的模型，在土模型上挖出和所铸器具完全相同的形状，这种简单的方法就是所谓的"惣型铸造"（见26—27页）。当时人们利用这种惣型制作梵钟、镜子以及茶道的烧水壶等器具。最近大阪府东奈良、奈良县唐古、兵库县名古山等地都发现了制铜铎用的石模，这些石模的基本原理跟惣型铸造是相同的。

此外，从飞鸟时代到天平时代，还流行一种称为"失蜡法"（见26—27页）的蜡模铸造法，用来制作佛像和小金铜像。这个方法是先用蜜蜡做蜡模原型，再以泥土包裹蜡模外层，加热烧烤，让蜜蜡融化流出，内部形成中空，然后将熔成液状的金属浇灌进去。现在的正仓院还留有一些红豆面包形状的蜜蜡（从蜂窝取出的蜡），用绳子串在一起存放着。惣型和蜡模这两种方法都是古代铸造方法的主流。

东大寺的卢舍那大佛动用了天平时代最精良的工业技术，以及顶尖的铸造、美术工艺技术来建造。倘若巨大佛像建造完成时的完整模样能留存到现代，对于揭开美术史上的许多疑团，应该会有很大的帮助。唯因佛像绝大部分已不复存在，许多疑问无法解决。高达16米的巨大佛像到底是如何铸造的？对于研究人员而言，解决铸造技术的疑问，比艺术价值的评价更为重要。

关于铸造大佛的种种疑惑不胜枚举，在此整理如下：

第一，关于建立大佛的思想基础。到底是基

于哪一部经典呢？比较有力的说法是《华严经》（见9页），但是也有《梵网经》一说，甚至还有人主张应该把其他经典也一并考虑。

第二，关于镇坛具（见24—25页）。据说745年（天平十七年）八月二十三日，圣武天皇、皇后及诸位高官，在搢土准备铸造大佛台座时，为祈求寺院和大佛的安泰而在大佛台座周围埋下镇坛具宝物。也有人认为是后来莲花瓣完成时才埋藏做纪念的。

第三，关于746年（天平十八年）供养大佛塑像原型所举行的燃灯供养。一说是供养仪式时点燃15 700多盏灯火，上千名僧侣手持油烛绕大佛原型三匝（见34页）。另一说法认为，这仪式不是为供养大佛原型，而是为了供养圣武天皇的银制卢舍那佛，这座佛像后来安置于东大寺千手堂中。

第四，关于安装于大佛头顶的螺髻（见64页）。记录显示螺髻（螺发）完全由铜制成，所以有人认为螺髻是敲打金属制作的锻造物，不是铸造出来的。

第五，关于建造大佛最重要的一个问题——铜制的莲花座（铜座）到底是比佛身先铸造还是佛身完成之后才制作的。据《七大寺巡礼私记》记载，750年（天平胜宝二年）到756年（天平胜宝八年）进行了铜座的某种铸作（铸□，原文一字不明）。这项作业当然可以解释为铸造铜座，但《东大寺要录》的记述显示，这时铜座已经完成，连形状都已有了详尽的记载。

此外，人们在刚完成的大佛殿中进行佛身的补铸和镀金工程，若要同时铸造铜座，那么殿内有限的空间是否会让工事进行得过于困难呢？更何况莲花座对于卢舍那佛而言，具有特别重要的意义。本书基于这些理由来推测，认为应该是先铸造台座，也就是从铜座开始往上一层一层依序铸造。

第六，关于莲花座的雕刻作业。如第70—71页所述，雕刻的内容具有很深的涵义，和卢舍那佛的关系非常密切，所以工人一直匆忙赶工，直到开眼会的前一刻还不停地进行雕刻作业。本书因而提出了全新的见解，主张《七大寺巡礼私记》记载的铜座铸造，进行的是莲花瓣的雕刻作业。

◇ 推敲古代的铸造技法

第七，关于铸造的方法。本书采用的说明（见36—43页），是将一段原型取出后浇入熔化的铜液，一口气完成一整段的铸造。不过，将一段分割成几个部分来铸造也十分可能。

第八，关于铜原料的熔解。很可惜，目前找不到能说明当时熔炉构造的资料。《东大寺续要录》的记载中，在1183年（寿永二年）整修大佛时，人们利用827年（天长四年）为支撑大佛所建的佛后山，建造了三座口径一丈（约3米）、高一丈多的大炉，作为铸造之用。

对于当时铸造的情景，书中有"如大江长河之流，飞焰上蹿空中，似烈火烧泰山，轰声如雷，闻者无不惊动……"之叙述，在铸造如此大型的大佛铜像时，熔融金属景象非常壮观，可见铸造规模必定相当宏大。

此外，天长四年的太政官牒也有这样的记载："夫昔日着手之初，削大地而造像、倾洪炉（大炉）而铸成，金泥如雨倾盆而下。"叙述了铸造时的壮观景象。《七大寺巡礼私记》的记载则显示，铸造天平大佛时，建造的大炉共达500个。

除了大佛之外，我们也能从其他大型铸造物一窥端倪，例如模仿天平时代的东大寺大钟（见72页）于1614年（庆长十九年）铸造的京都方广寺大钟。根据《骏府记》的记载，这座后来成为丰臣氏灭亡原因的大钟，在铸造时为了熔炼

17 000 贯（约 63 750 公斤）的铜，建造了 132 座脚踏式鼓风箱。

另一个例子在距今较近的年代：明治十四年（1881）为了铸造冈崎市上衣文神五鞍的衣文观音渭信寺的大钟，在小山丘上建造了七座熔炉。这座钟口径约 153 厘米，重达 1260 贯（约 4 700 公斤）。描绘当时铸造情景的梵钟铸造图，现收存于冈崎市菅生町字蟹泽的木村家。

在明治初期之前，还没有如现代这般质量精良的焦炭，需要用当时称为"吹炭"的高质量坚硬木炭来熔化金属，并使用人力的脚踏式鼓风箱来送风。送风时，需要好几个工人抓住头顶上端的绳索，用全部体重来踩踏鼓风踏板，这样的工作方式比不上现代化设备的效率，起码要花费好几个小时才能将金属熔化。

脚踏式鼓风箱的详细构造并不十分明了，只能参考昭和初期使用的工具来推测（见 40—41 页）。先制作称为"甀炉"（熔解炉）的圆筒形小炉来熔化金属。炉下的基台是用木炭粉末和黏土等混合土做成的，基台上的炉以红砖砌成外壁，内壁涂覆耐火黏土（软质黏土），最后用铁条（天平时代已能制作铁条）在炉壁外侧补充强度。炉的下方开设让熔化的铜液流出的开口，平时则用土栓塞住。炉的另一侧上方另开一口让鼓风箱的风能送进来。

设置鼓风箱的时候，先挖掘长方形的洞穴，以泥土的沙袋为壁，再涂上石灰和沙土混合的灰泥来补强。底部则以中心线为顶点，两端各向左右下方倾斜（从顶点朝两端呈下坡状），在底部预留让空气流出的浅沟。然后以三角状的顶端为中心支轴，放置长方形如翘翘板似的木踏板。踏板两侧开有吸入空气的小孔（窗），窗口以细绳子绑住的挡板（挡风板）可发挥进气阀门的作用。

熔炉完成后，先放入一些柴薪，燃烧柴薪以去除炉内水分。然后把松炭放进去点燃火苗，踩踏鼓风箱送入空气，视加热状态投入金属材料，这样才能顺利熔化金属。熔炉高度为 2.5 米，口径有 1 米左右，一次能熔炼大概 500 贯（约 1 900 公斤）的金属。

奈良大佛每一次铸造的量到底是多少，详情无法得知，假设莲花座分成两次铸造的话，一次需要铸造 60 吨。若是连铸造过程中自然减少的量也计算进去，即使是相当大型的圆形熔炉，每次能熔炼 1 吨的铜，也需要有 100 座左右才够用。我之所以认为当时采用脚踏式鼓风箱，是因为当时的文件记载中能找到"吹皮作工"的职位名称。

以上列举了八项问题，除此之外，关于建造大佛的工作还有很多不明了之处。

本书并未详细解说天平时代的历史，只整理考究了《续日本纪》《东大寺要录》《七大寺巡礼私记》等流传至今的古代文献中关于大佛完成过程的记述。《续日本纪》中并未记载首都迁移到平城京之后的大佛铸造过程，而从《东大寺要录》中可略知一二。只是技术方面的记述几乎付之阙如。

参与大佛制作的技术人员、工匠等付出的心思、辛劳之多，恐怕是再精致的言语也无法说明的。从这个角度来看，天平时代真可以说是属于工匠的时代。

制作大佛的那个时代，东大寺的佛像有法华堂的本尊、不空羂索观音像（见 15 页）、金铜制的释迦诞生佛（见 4 页）。另外大佛殿前的金铜制八角灯笼（见 90 页），其灯膛表面雕绘正在演奏乐器的圆脸音声菩萨之浮雕，这些都是同一时期的作品。

若试着想象天平时代的东大寺伽蓝配置，我脑海里马上会浮现容纳大佛的金堂，并对其巨大的规模感到惊讶不已（见 84—85 页）。金堂具有七堂伽蓝（七堂的"七"代表"悉数、全部"

之意），东西方各耸立着高达 100 米的七重塔。东大寺居于全国各地国分寺的中心地位，而大佛莲花瓣上雕刻的释迦，可算是各国分寺丈六佛的本尊，聚集全国佛像于一堂的画面，即使只是想象也能感受到其壮观。

集结天平时代庶民百姓的精力而建成的东大寺，寺域境内有山、有谷、有池塘，而屹立于中心的金堂里端坐着高达 16 米、金光灿烂的卢舍那佛大佛像，显现的是宇宙规模的宏伟世界。

*

⊙释迦如来　开创佛教的释迦牟尼。意指古代印度释迦族（高贵的姓）出身的尊贵者（圣人），而如来表示领悟真理的人。两侧的胁侍多半是文殊菩萨和普贤菩萨，或者药王菩萨、药上菩萨。

⊙药师如来　药师琉璃光如来的简称。是东方净土（神佛所居的清静乐土）琉璃光世界的教主。发十二大愿，是拯救病苦、发愿满足众生世间一切欲望的佛。两侧的胁侍是日光菩萨、月光菩萨。

⊙阿弥陀如来　为拯救众生脱离轮回往生极乐净土，而在西方十万亿土之地建立净土世界的大慈悲佛。胁侍为观音菩萨、势至菩萨。

⊙卢舍那佛　是毗卢舍那佛的简称，光明普照宇宙万物的佛名，出自《梵网经》和《华严经》，释迦如来是毗卢舍那佛的分身之一。奈良大佛是最具代表性的毗卢舍那佛像。

⊙弥勒菩萨　现于名为兜率天的净土修行，将于释迦涅槃后经过五十六亿七千万年（遥远的未来）才现身人世，代替释迦解救众生。佛像多呈半跏思惟（一只脚架在膝头的坐像，只手托颊做思考状）。

⊙观世音菩萨　听闻众生的痛苦，立即前往拯救苦难的菩萨。因应不同的需求而现 33 种身形。本尊为正观音（圣观音），居住于南海普陀山。

⊙虚空藏菩萨　福慧具足，如天空般广阔无边的菩萨。应众生的要求赋予现在、未来的利益。

⊙不空羂索观音　羂为网，索为钓鱼线，意指以张网捕鸟、垂丝钓鱼来拯救众生的菩萨。通常为一面三目六臂（手），手持莲花、绳索等物，身穿鹿皮。

⊙帝释天　原为印度婆罗门教的天神。骁勇善战，曾与阿修罗（喜好战斗的鬼神）交战，在佛教中成为守护佛法的神。

⊙梵天　跟帝释天同样本是婆罗门教的神祇，创造天地。在佛教中成为掌管人间世界的神。

⊙四大天王　佛教中守护四方的神，东方为持国天王、西方为广目天王、南方为增长天王、北方为多闻天王。他们本来是帝释天家的仆侍，受命调查世人的善恶行止，掌管国土安全、风调雨顺、五谷丰饶。身穿甲胄，足下踩踏邪鬼。

⊙诞生佛　童颜的释迦立像，安置在称为灌佛盘（浴佛盘）的大型平钵中。在阴历四月八日释迦诞生日那天，洒水浴佛（在日本是浇洒甜茶）供养的花祭（浴佛节）所用的佛像。

⊙金铜　在铜或者青铜表面镀金，因为铸造容易，视觉上又能收到跟黄金制品同样的效果，所以广泛运用于美术工艺品、佛像、佛具方面。

*

⊙《金光明最胜王经》　源于公元 5 世纪的印度。为永远的佛说法，以慈悲和忏悔为最高德行，礼赞弁财天和四大天王。能诵读此经，国家必可得四大天王之守护，风调雨顺、五谷丰饶。

⊙《法华经》《妙法莲华经》之简称，源于公元前后的印度。以优美的文艺表现，解说佛永远的生命。在日本受圣德太子、最澄和尚的重视，成为日本佛教教学的中心。

⊙《华严经》《大方广佛华严经》之简称，在释迦涅槃之后四五百年结集而成。以华美的花朵比喻广大真实的世界，言说佛无所不在，与一切众生万物同在，更与一切众生万物共有（一切即一，一即一切）的经典。东大寺的大佛即根据此经所述的本尊来制作。

⊙《梵网经》 也称为《菩萨戒经》，据考证是在中国结集成的。讲述菩萨的上进心、应遵守的正道。

⊙《东大寺要录》 集结东大寺的古记录，编纂为十卷。由观严和尚编辑，于1106年（嘉承元年）完成。不仅记载奈良时代、平安时代的历史，在社会、经济方面也有很高的史料价值，《东大寺要录》的续篇《东大寺续要录》，继续收辑编纂到镰仓时代中期为止。

⊙《七大寺巡礼私记》 也称为《亲通记》，作者大江亲通于1140年（保延六年）巡礼南都七大寺（通常指东大寺、兴福寺、元兴寺、大安寺、药师寺、西大寺与法隆寺，有时以唐招提寺取代法隆寺），记述所见塔堂、佛像、宝物的书。

后记之一

穗积和夫

    天平时代的人们到底是如何建造那座巨大的奈良大佛的呢？当时的物品几乎都没能留存到现代，我们只能从一些蛛丝马迹来推测。尤其关于实际铸造技术的记载，遍查文件记录，能找到的数据几近于无。本书的插画，主要是根据香取忠彦先生的专家意见描绘，不过我个人的想象和私人的趣味也占了不小的比例。

    大佛面部神情如何？使用了些什么样的道具？无法得知详情的部分太多，呆坐着说"不知道"也毫无帮助，还是一样画不出图来。而且我想表现工作人员的心情和现场的气氛，让插图更为生动活泼，现在回顾起来才发现，这企图心让绘图工作变得难上加难。

    乘着想象力的翅膀，我让自己通过时光隧道来到遥远的天平时代，好像身处于铸造大佛的宏伟工程现场，用参与工程的心情来描绘，这成就了一段乐趣无穷且难得的经验。一幅接着一幅，我忍不住边画边赞叹大佛和大佛殿的宏伟，更敬佩老祖宗制作大佛的坚忍心、技术力，以及执着不放弃的毅力。

    至于大佛殿以及其他建筑物的插画，则参考了大佛殿院复原模型（东大寺）、平城京复原模型（奈良市），以及福山敏男先生、大冈实先生等人的论文及复原图。

后记之二

香取忠彦

　　大佛与奈良的关系，密切到任何人提起奈良就自然会联想到东大寺大佛。然而，大佛究竟是如何建造出来的？这个问题就连研究历史、雕刻、美术史的许多专家也并不清楚。

　　甚至很多人对于"铸造"这个词也感到相当陌生。所以本书以铸造的技术解说开头，综合前辈和我个人的研究成果，加上一部分推论，以一般人都能理解的方法来说明大佛的铸造过程。

　　对于东大寺大佛的历史和铸造过程，向来众说纷纭，本书站在美术史、技术史的立场上，大胆推论出新的解释。有兴趣更进一层追究的读者，可以参考阅读下列专业图书：

　　　　香取秀真《日本金工史》《续日本金工史》
　　　　荒木宏《技术者看奈良和镰仓大佛》
　　　　前田泰次《东京艺术大学纪要》43 年—50 年
　　　　香取忠彦《东京国立博物馆纪要》12 号

　　大佛的莲花瓣上雕刻着如本书所述的图案，具体表现了佛教的世界形象，简言之，世界的一切都是相互关联的，没有一样是无用长物。本书印证了这样的思想，正因为有穗积和夫先生和东大寺各位大德的助力，才诞生了这本书。最后，在此记上我最喜爱的一首和歌作为纪念，这是大佛开眼会的时候，由元兴寺献上的歌：

　　　　清净东山麓，新铸卢舍那，鲜花供佛前。

文
景

Horizon

社 科 新 知　文 艺 新 潮

奈良大佛：世界最大的铸造佛

［日］香取忠彦 著　［日］穗积和夫 绘

李道道 译

出 品 人：姚映然
策划编辑：熊霁明
责任编辑：熊霁明
营销编辑：高晓倩
装帧设计：肖晋兴
审图号：GS（2021）209号

出　　品：北京世纪文景文化传播有限责任公司
　　　　　（北京朝阳区东土城路8号林达大厦A座4A　100013）
出版发行：上海人民出版社
印　　刷：山东临沂新华印刷物流集团有限责任公司
制　　版：壹原视觉

开 本：787mm×1092mm　1 / 16
印 张：6.5　　字 数：65,000
2022年6月第1版　　2022年6月第1次印刷
定 价：65.00元
ISBN：978-7-208-17678-2 / TU.27

NIHONJIN WA DONOYOUNI KENZOUBUTSU WO TSUKUTTE KITAKA: vol.2
Nara no Daibutsu-Sekai Saidai no Chuzoubutsu
Text copyright © 1981 by Tadahiko Katori
Illustration © 1981 by Kazuo Hozumi

Published by arrangement with SOSHISHA CO., LTD.
Simplified Chinese Translation copyright © 2022 by Horizon Books,
Beijing Division of Shanghai Century Publishing Co., Ltd.
Through Future View Technology Ltd.
ALL RIGHTS RESERVED.

本书中文简体字译稿由台湾马可孛罗文化授权

图书在版编目（CIP）数据

奈良大佛：世界最大的铸造佛 /（日）香取忠彦著；
（日）穗积和夫绘；李道道译. −− 上海：上海人民出版
社, 2022
　　ISBN 978-7-208-17678-2

Ⅰ.①奈… Ⅱ.①香…②穗…③李… Ⅲ.①金铜佛
像－造像－日本－古代 Ⅳ.①K883.139.3

中国版本图书馆CIP数据核字(2022)第066782号

本书如有印装错误，请致电本社更换　010-52187586

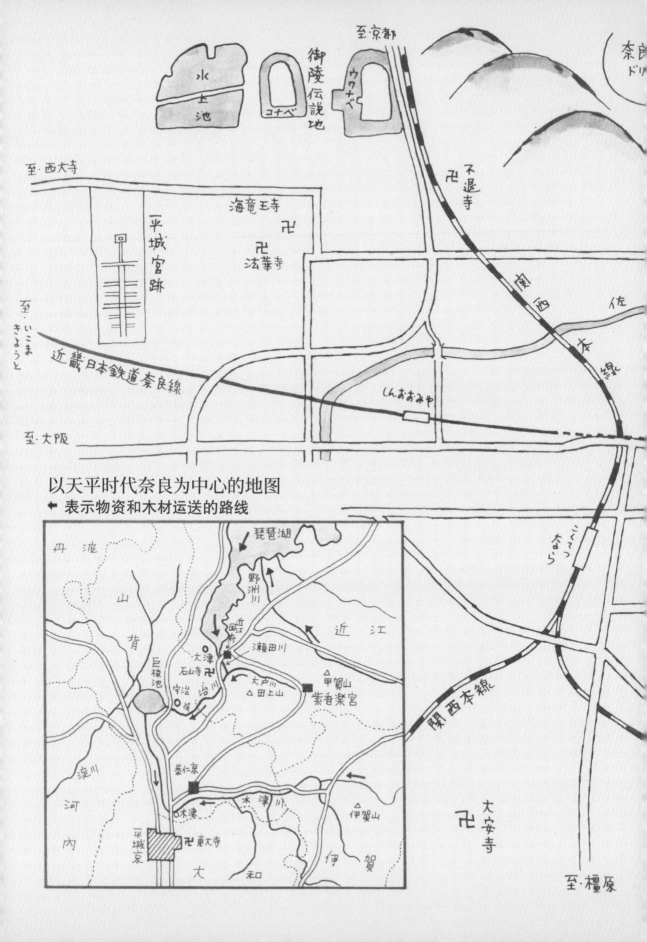

以天平时代奈良为中心的地图

← 表示物资和木材运送的路线

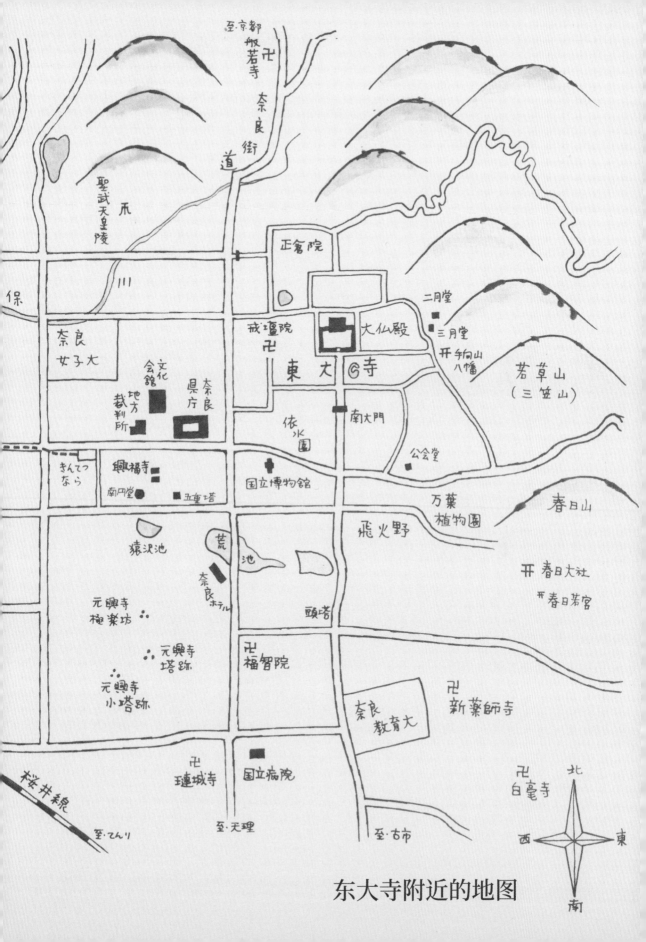

东大寺附近的地图